2024
POSTGRADUATE
WORK
COLLECTION
OF ACADEMY OF
ARTS & DESIGN,
TSINGHUA
UNIVERSITY

清华大学
美术学院 编

2024 清华大学美术学院 研究生 毕业生 作品集

中国建筑工业出版社

2024
POSTGRADUATE
WORK
COLLECTION
OF ACADEMY OF
ARTS & DESIGN,
TSINGHUA
UNIVERSITY

清华大学
美术学院 编

2024
清华大学美术学院

研究生

毕业生

作品集

中国建筑工业出版社

图书在版编目（CIP）数据

2024 清华大学美术学院毕业生作品集 = 2024
ACADEMY OF ARTS & DESIGN, TSINGHUA UNIVERSITY WORK
COLLECTION OF GRADUATES. 2, 研究生 / 清华大学美术
学院编 .—— 北京 : 中国建筑工业出版社 , 2024. 8.

ISBN 978-7-112-30254-3

Ⅰ . J121

中国国家版本馆 CIP 数据核字第 2024ZZ4623 号

PREFACE

序

在广袤的宇宙中，万物彼此吸引，相对运动；在艺术的时空中，思想彼此启发，碰撞融合。此刻，清华大学美术学院 2024 届 194 名研究生和 233 名本科生的毕业作品，正在形成一个巨大的引力场，吸引每一位观众进入艺术与设计的星辰大海，体验其无尽的魅力与可能性。

回忆当年，同学们刚刚踏入校园，每一个人都带着强烈的好奇心和新鲜感，开启了吸收新知识、释放创造力的学习之旅。老师们的经验与付出，同学们的天赋与勤奋，相互吸引、相互成就。同学们的勇气和想象力不断突破艺术设计的界限，不同学科知识的交融，跨越了艺术与科技，跨越了传统与现代。每一个思想的火花和每一次自我的突破，都如同星辰在引力场中互相碰撞，最终凝结成展览中闪光的作品。

如今，同学们即将告别校园，踏入社会，如同一颗颗冉冉升起的新星，将在更广阔、更多元、更复杂的引力场中继续前行。质量越大，引力越强。希望大家通过不断提升艺术创作和设计创新的质量，更有力地服务国家、回馈社会！在未来充满新挑战与新机遇的星辰大海中，愿每个人都探索出一条灿烂的人生轨迹！

清华大学美术学院院长

FOREWORD

前言

入夏，万物初盛之际，清华大学美术学院迎来了 2024 届毕业生作品展，这场由 233 名本科生和 194 名硕士研究生用才华和努力精心呈现的视觉盛宴，不仅是他们学习和创作成果的汇聚，也是他们对未来艺术之路的大胆探索与畅想。

艺术可能很抽象，但当它具体化为一幅绘画、一件雕塑或设计作品时，就变得可见和可感知了。清华大学美术学院 2024 届毕业生作品集收录了来自染织服装艺术设计系、陶瓷艺术设计系、视觉传达设计系、环境艺术设计系、工业设计系、工艺美术系、信息艺术设计系、绘画系、雕塑系 9 个培养单位以及智慧互联、艺术管理、科普创意与设计 3 个研究生项目组成的具有鲜明特色的毕业成果。这些作品不仅展现出学生们扎实的专业能力和勇于创新的学术精神，更体现了他们对社会、文化及个人体验的深刻理解。

在这个充满变革和挑战的时代，世界正经历前所未有的变化，艺术也不例外。全球气候变化、社会不平等、文化冲突和科技进步等问题对艺术创作提出了新的要求和期望。本届毕业生敏锐地捕捉到了这些变化，他们的作品视野开阔，情怀深远，不仅关注全球性议题，如环境保护、社会正义和文化多样性，还通过艺术表达对人类共同命运的深刻关切，受到了社会各界的广泛关注和好评。

从某种程度上看，挑战和机遇一样，让整个时代都成为了青年学子展示自我的背景板。面对人工智能的迅猛发展，清华大学美术学院秉持培养具有国际视野、综合素养和创新能力艺术人才的使命，鼓励学生重新思考艺术的本质，勇敢拥抱新技术，不断探索艺术的边界。学生们在创作中大胆尝试、勇于突破，发掘形式和材料的可能性，努力寻找属于自己、属于这个时代独特的艺术语言，展现艺术与科技交织融和的新面貌。

水木清华处处佳，万般历练皆成长。此去经年，愿如夏花般绽放的青年学子，人生路上，一程自有一程的芬芳。

清华大学美术学院副院长

CONTENTS

目录

高平　　　　　　黄昱嘉　　　　　　马梦雨　　　　　　马文远

唐晓倩　　　　　　陶晓通　　　　　　丸山彩

朱青青　　　　　　徐静怡　　　　　　韩铭铎　　　　　　黄海宁

李莞　　　　　　　李含嫣　　　　　　邱若彤

唐雪晴　　　　　　万雅芬　　　　　　汪子丁　　　　　　王琰

卫泽丰　　　　　　魏一　　　　　　　杨晶

张莹莹　　　　　　赵静　　　　　　　赵天爱　　　　　　赵翊帆

周思嘉

DEPARTMENT OF TEXTILE
AND FASHION DESIGN

染织服装
艺术设计系

主任寄语

染织与服装都是历史久远又与时俱进的行业。人工智能迅速迭代的当下，同学们积极面对设计变局，勇于创新。这一届多元而又独特的作品中既有 AIGC 技术的介入，也有手工技艺的回溯；既有对历史的传承，也有对未来的预见；既有现实的关照，也有观念的探究。多维的视角体现了这一代设计师活跃的思维、敏锐的洞察力与独特的表现力。

又到了一年中草木葳蕤的季节，蓬勃旺盛的生命力正是丰收的前奏，希望同学们行而不辍，履践致远，所愿皆得，不负韶华。

该设计从日常生活中的晾晒活动中提取元素，运用印染、纽结、
激光切割等工艺进行面料设计，结合面料与服装结构设计，以模
块化设计方法实现一衣多穿，探索了满足消费者个性化需求的多
种可能性。

作品将苗族锡绣工艺应用于赛博格风格女装，试图将锡绣纹样及
其组织结构进行再创作，并将其与赛博格风格的机甲元素相结合，
实现一系列具有地域文化特色的赛博格风格女装设计，进行一次
传统服饰文化与当代服装风格相结合的设计创新尝试。

作品灵感来源于彝族"万物有灵"的观念，结合楚雄彝族女帽及其刺绣工艺进行配饰设计，提取楚雄彝族女帽的图案及装饰元素，捕捉彝族文化的独特魅力，通过配饰设计展现彝族文化的灵动之美。

布老虎是关中地区传统文化中的重要元素之一，具有悠久的历史渊源。该系
列创作分别表现了民俗文化中的"平安""招财""福寿""驱邪"四个主题，
既保留布老虎形象传统文化的韵味，又赋予其新的生命力和时代感。

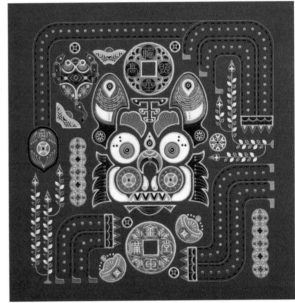

作品为可持续无缝针织时尚瑜伽服系列，采用先进的纺织技术与
环保材料，将科技与自然环保理念完美结合。通过双面提花、
3D 立体结构与无缝针织技术，运用回收再生纱线及天蚕丝，精
细重构水波纹图案，视觉优化穿着者身形，并提供运动所需的支
撑力与保护功能。

如意云纹反映了历代社会风气与文化审美，至现代，其寓意不断演变。设计中，纹样通过创新变体表达现代主题，选用积极向上的插画色板，结合 3D 打印技术与马海毛针织，展现现代生活的多样性与传统融合的新思维。

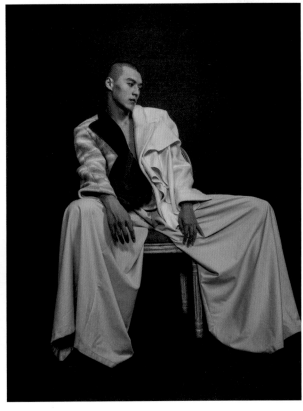

该系列作品采用了天然植物染色技术，以苏木为染料，通过不同媒染剂的使用呈现出深沉而优雅的色彩。在工艺上，利用了传统的绞缬以及云染等工艺，通过对传统工艺的传承与创新，呈现出天然植物染色独特的色彩魅力，并传达出与自然和谐共生的设计理念。

花开有序，风不误信。人间的花开花落传递着时序流转、季节更迭的信息。作品以描绘月令花卉的古诗词为序，让花卉的诗情画意绽放于裙摆之上，展现自然韵律与生命之美。

作品从叙事切入，以布书为载体，利用崇明土布材料，综合运用
拼布、刺绣、印染等工艺，讲述了一个关于自我成长的原创故事。
作品旨在通过趣味化的形式及引人共情的故事探究崇明土布传统
纺织技艺在当今艺术设计领域更多的应用可能性。

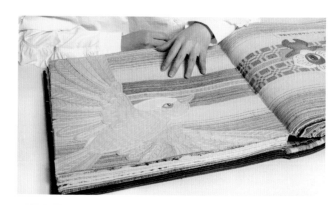

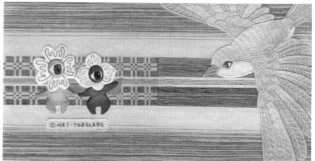

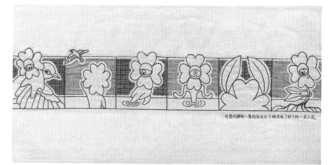

该系列设计灵感源自莫高窟第 45 窟的天女云肩，天女云肩是天人"神性"的象征，不仅承载着先人的精神寄托，亦在当代赋予穿着者一种精神力量。该系列从天女云肩造型与人、服装的关系出发，运用染色与钉珠等工艺，探讨其在当代女装设计中的应用手法，旨在展现当代女性自信、独立、积极向上的生活态度。

作品灵感来源于巴赫金双重叙事手法，以骨骼和花瓣元素融合并应用于女装设计，表达"生"与"逝"两个对立概念之间的共生与共存。作品将 3D 打印和真丝烫花技术相结合，旨在拓展服装设计的边界，促进服装设计多元化发展。

染织服装
艺术设计系
DEPARTMENT OF TEXTILE
AND FASHION DESIGN

李莞　　静园

指导教师 – 贾玺增

13

繁花摇曳，静谧中无限生机悄然流淌。作品《静园》以宋代折枝花为灵感，将其意象造型融入服装结构之中，枝蔓攀援，花朵点缀腰间。取宋人美学的素净淡雅，以一花见春，打造简约内敛的轻礼服女装系列。

作品灵感来源于云南楚雄地区彝族绣品中千姿百态的花卉图案，运用珠片、亚克力、镜面等综合材料，以刺绣装饰壁挂的形式呈现繁花似锦、葳蕤芬芳的瑰丽图景，以现代审美表达出对彝族传统工艺文化的致敬。

作品以传统皮影艺术为灵感来源，对影人图案、廓形进行提取并基于当代审美进行二次创作，将皮影艺术中的"虚实相生、夸张滑稽"的娱乐性表现手法应用于当代女装设计之中，做了一次传统文化创新应用的有益尝试。

该设计作品利用珠绣材料的独特性，探索将珠绣与视错觉元素相融合的创新路径。利用珠子的形状、大小和反光特性，通过设计珠子的密度和排列方式，有机地融入视错觉服装图案之中，营造出三维的视觉效果，让观者感受到现实与错觉之间的奇妙关系。

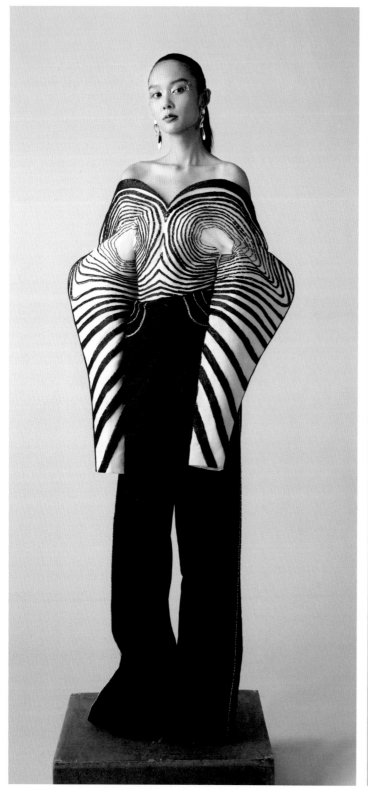

系列作品以敦煌莫高窟《维摩诘经变》中独特的吐蕃袍服造型为灵感，探索传统服饰文化在当代服装设计中的多种应用形式。通过传统非遗漂漆工艺在服装中的运用，传承敦煌壁画中流动的、亦梦亦境的艺术风格。

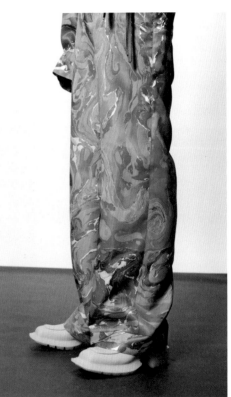

作品从建筑空间与居住者运动轨迹的互动方式中获得灵感，以折纸艺术为媒介将其转化并应用在服装设计中。通过折叠和压褶的方式，赋予纺织面料折纸般的立体结构，在褶皱流动与光影变化之间呈现出服装外廓形与内部结构的动态平衡，寓意一种深刻而内敛的美。

染织服装
艺术设计系

DEPARTMENT OF TEXTILE
AND FASHION DESIGN

王琰　　鹿母夫人

指导教师 – 杨建军

19

作品以隋唐时期敦煌藻井图案为灵感，以丝巾为表现载体，通过结合当代生活与审美，对"鹿母夫人本生"
故事和代表性纹样进行综合应用设计，旨在弘扬中华优秀传统文化及践行创造性转化与创新性发展。

作品以贵州黎平地坪苗族的刺绣和剪纸造型为灵感，运用构成的手法将两者的造型特点相结合。在皮革材料上采用激光镂空雕刻工艺和平针绣、钉线绣工艺，表达了龙游于春、春生万物的美好期盼。

设计灵感源自《桃花源记》，分为"寻源""探源""失源"三部分，通过三幅壁挂，重新诠释传统文化，传达《桃花源记》中所构建的理想世界形象。同时也提醒人们即使身处困境，仍应怀揣希望，不要忘记内心深处对宁静与和谐的渴望，努力追求更加美好的生活。

作品从后印象派绘画作品中的色彩、肌理以及情感的表达中获得灵感，提取了后印象派代
表画家塞尚作品的图案，以针织为手段，表达追求幸福的理念。期望服装能够成为艺术与
生活之间的桥梁，唤起人们对情感的珍视与表达情感的勇气，带给人们快乐等积极情感。

当珊瑚体内的共生海藻离开或死亡，其斑斓的色彩也会随之消逝，
好似烟花绽放之后隐灭的瞬间。该作品综合运用了拼缝填充、刺
绣、串珠、绗缝等多种纺织品手工艺，以软雕塑的形式，呈现了
白化珊瑚的生命力和脆弱性。

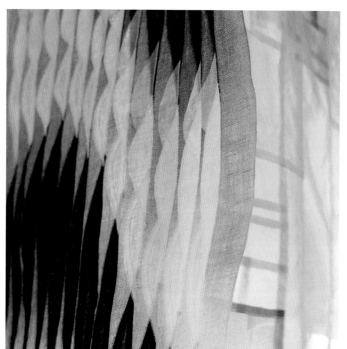

该创作是一幅融合欧普艺术风格的拼布壁挂作品。通过几何形状和线条交织，作品展现了音乐的流动和节奏，仿佛琴弦在无声中振动。作品综合运用贴布、握手缝工艺等，引领观者进入无限的想象空间。

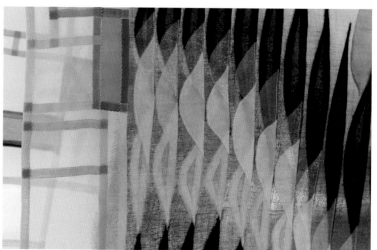

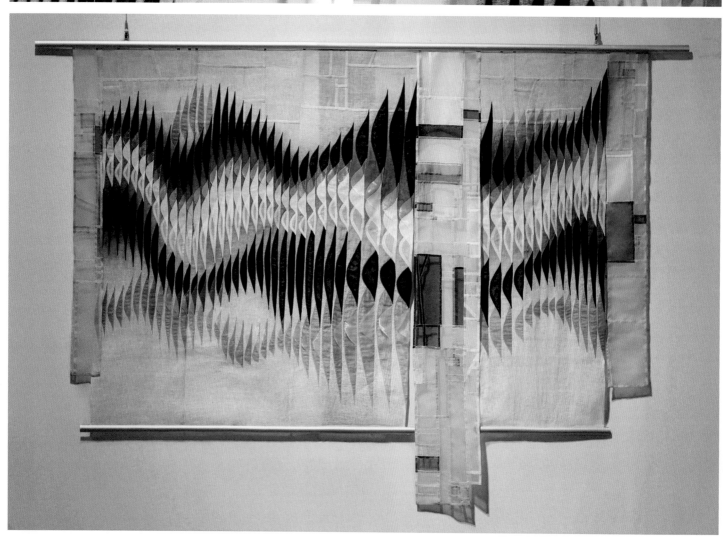

作品旨在表达植物光合作用与人类呼吸之间的关联性，从植物的微观形态、分型规律中获得灵感，打造出轻盈、有"呼吸感"的女装设计作品。

染织服装
艺术设计系

DEPARTMENT OF TEXTILE
AND FASHION DESIGN

赵翊帆　　日月辉光

指导教师 – 杨建军

26

作品灵感来源于敦煌莫高窟唐代壁画，借助富丽饱满的宝相花等
花卉纹和雅致秀美的青绿山水，表现玉轮光转、芬芳传来的艺术
意境，传达对美好生活的向往与祝愿。

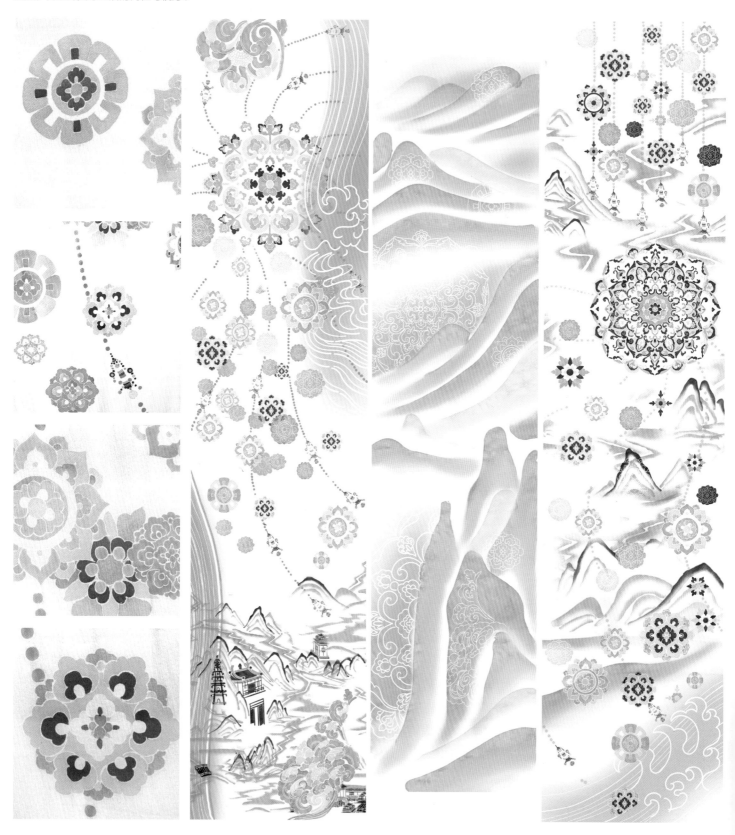

染织服装
艺术设计系
DEPARTMENT OF TEXTILE
AND FASHION DESIGN

周思嘉　湘音

指导教师 – 李莉婷

27

该系列设计概念受湖湘土地上令人印象深刻的音乐形式启发：传统的花鼓戏艺术以及当下的乐队演唱。两种不同的"乐声"在传统与先锋并存的湖湘大地上实现了邂逅。这种邂逅所产生的韵律感和碰撞感成就了该系列设计的最终思路和形式。

亢云姝

杨英莲

张路明

家和

靳灿松

赵雅婷

DEPARTMENT OF CERAMIC DESIGN

陶瓷
艺术设计系

主任寄语

杨帆

陶瓷是你们认识世界、理解自己的特殊媒介，也将成为未来人生道路上的精神财富与灵感源泉。学院培养了你们以艺术性的视角独立、思辨地审视世界的能力。你们对日常生活的敏锐洞察、对事物的独立思考、对人生的理解与反思，都将呈现在你们新奇而踏实、精彩而真诚的毕业创作中。

在校园的时光很快要结束了，同学们又一次站在了人生的十字路口。作为寄语，除了鼓励与祝福，我更希望你们未来无论坚守在哪一岗位上，都勿忘清华人的一贯追求："独立精神，自由思想"。做清醒的自己，不被裹挟，明辨是非。用你们的思考和教育所赋予的能力，保护你们的良知与责任，这也是陶瓷系一直以来对毕业生的要求与寄托。希望你们不要低估自己，更不要忽视陶瓷人血脉里的家国情怀。"云程发轫，万里可期"，陶瓷人的每一点坚持和进取，都会为国家发展、人民生活的改善作出贡献。

记忆是对自我身份和历史的构建，而失忆则是对其进行瓦解。阿尔兹海默症的失忆消弭了情感，带来了冰冷和混乱。作品试图通过陶瓷材料传递阿尔兹海默症的记忆与失忆，并在创作中完成从呈现到纪念再到重建的过程。

质朴坚韧的老建筑透露着豪放的忧伤。作者将对往事的怀念，对
至亲的思念，化作重新构建的艺术符号，以实现情感上的疗愈，
提出关于人与建筑、人与时间、人与生命之间关系的思考，让建
筑的故事记忆与情感寄托得以延续。

在作者对生命的观察与想象之中，存在着一条像弓弦那样具有弹性特征的线，它时而拉紧，时而松弛。在初期的画稿与创作阶段，各种花卉的形态往往作为灵感的重要来源和参照物，这些花朵生命力十足而细腻的线条、复杂而精细的形态结构，为作者提供了丰富的视觉材料。因此，作者采用了曲线的形式在三维空间中进行创作，希望通过瓷这种洁白而易碎的材质表现对生命的感受与理解。

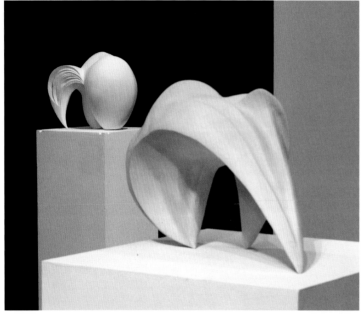

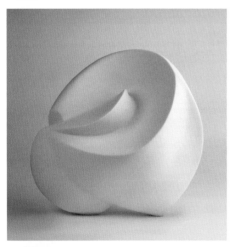

三组作品均以自然意象为装饰主题，繁华的花朵、具有生命力的树叶、神秘而脆弱的蝴蝶……在制作时希望能够将化妆土质朴浪漫的特点通过装饰图案表现出来，使其与饮茶之道相适宜。

作品以陶瓷为材料，以燃烧为切入点，试图展现出纸张被点燃时
的微弱飘旋与火焰的静谧燃烧。

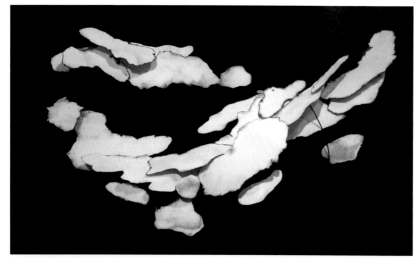

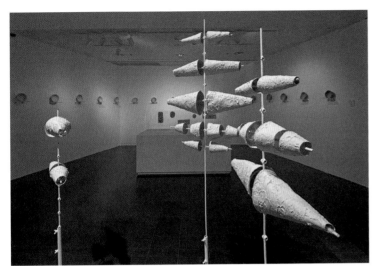

巢，不仅仅代表了物理意义上的庇护所，也在精神层面上为人类提供慰藉。形式是内容的视觉形状。鸟类用泥土筑巢，人类亦能通过陶瓷艺术为精神世界筑巢。 当个人深陷于混乱与不确定性的漩涡中，感受到对自我失去掌控，焦虑与恐慌的情绪往往便会浮现。然而，一旦寻找到内心的平衡点，那份曾让人窒息的焦虑感，便会随着平静的回归而逐渐消散。

黄乙杰   李晔   孙丽童   杨紫涵

张月佳   范泽仁   何语嫣

姜翔巍   荆潇   李嘉瑶   李志豪

龙一甜   曲瑞晴   孙伟航

王瑞   熊穗安   张珂嘉   周沛霖

DEPARTMENT OF
VISUAL COMMUNICATION

视觉传达
设计系

主任寄语

今天这个时代充满了挑战，人工智能开始介入视觉信息媒介，在为我们提供无限可能的同时，也带来了众多的专业挑战。视觉传达设计系的同学们秉持着守正创新、自信乐观的态度，在专业学习上展开创新探索、独立思考，在毕业创作中展现出了高度的专业水准和开放的专业态度，体现了行胜于言的严谨学风。祝今年毕业的同学们未来学习、工作和生活一切顺利！

作品探讨了数字媒体影像交互在艺术疗愈中的应用。通过生理传感技术捕捉冥想者的体征数据，结合情感计算算法，实时分析其身心状态并映射到视觉意象"枯木"上，随冥想的深入逐渐展现出生机，提供了一种直观的冥想反馈，探索了枯中有生意的视觉表现和文本隐喻，象征着生命力，建构起"枯木"即是体验者自我象征与投射的关系。

作品为以记忆中岭子煤矿一个普通职工的家庭空间为切入视角的
网页端线上展览。以《岭子煤矿志》和访谈为文本来源，通过涌
现式视觉叙事，以网页为媒介，提供第一人称3D视角的探索体验，
多媒体展示山东淄博岭子煤矿老工业区的历史沿革和生活风貌。

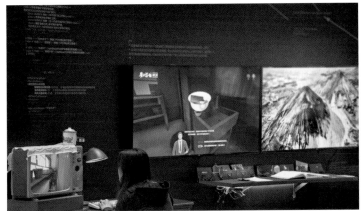

作品结合计算机技术与交互视觉设计，延展汉画像石中乐舞造型的交互特征，构建集视觉、听觉和触觉为一体的多感官体验式交互动画作品。 作品以汉代乐舞画像石为研究对象，探索汉乐舞造型的现代再现方法。以视觉审美为导向、以观众需求为中心的设计原则，创建展览空间下的乐舞交互装置，提升公众对汉画像石遗产保护和乐舞文化的兴趣与理解，进而实现优秀传统文化的保护、传承和普及。

"时间永远分叉，通向无数未来。"——博尔赫斯

时间有无数系列，背离的、汇合的和平行的时间织成一张不断增长、错综复杂的网，人对未知未来的渴求，是促使人类世界进步的重要催化素。作品是一套基于意大利未来主义风格设计的、以人物图形构成的指意传讯体系，人物角色既是纯粹符号也是意义的载体，既是一幅插画也是一首诗歌，其通过组合所构成的语言之阵，为前来寻求答案的人提供通向彼刻的启示。

中国传统山水画拥有悠久的历史和深厚的文化底蕴，具有独特的空间表达特征。不同于运用焦点透视技法的写实风景画，中国传统山水画在观看和建构画面空间时体现出了强烈的主观色彩。作品提取并重组经典山水画的构图和空间关系，转化到三维模型中，通过风格化的动态影像营造沉浸式的山水游历体验，展现中国传统山水画的空间表达特征和古人观看自然的方式。

当我们手持一束花时，这束花是否能够完成首饰的功能？它是否成了一件"首饰"呢？XeNON 是一个以首饰为载体的虚拟个人品牌，这次设计实践涉及作者的两个专业："首饰"和"视觉传达"。首饰作为一种社会产物，自有人类历史以来就一直存在。首饰承载了丰富的意义和象征，为一种非常特殊的媒介。随着时代的发展和人类文明的进步，承载珠宝象征意义的物体正在发生变化，这拓宽了"首饰"的范围。XeNON 试图通过实验性的作品来重新解读什么是首饰。

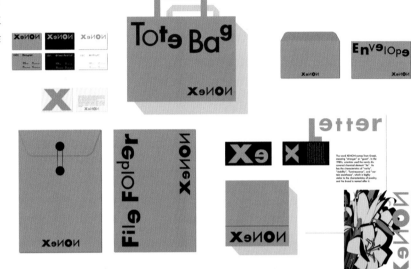

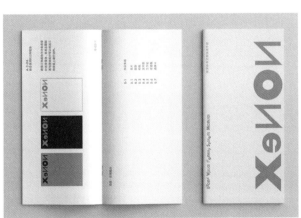

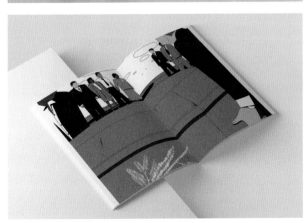

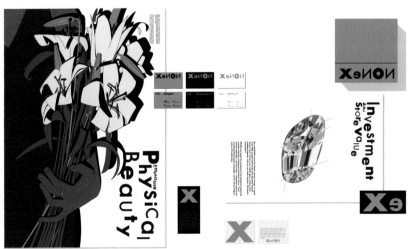

作品是基于云南甲马木刻版画文化，提取以及总结其视觉表现特征，设计了木刻风格的双轴可变字体"甲马体"，将可变字体运用到动态海报中，探索可变字体的动态运用的同时传播传统非物质文化遗产。同时基于当代生活需求，创作更符合现代语境的甲马。

云南白族甲马文化本质上是一种民间木刻版画，又称"神祇"，是人与神明沟通的重要媒介，上面印有名目繁多的神祠鬼灵、飞禽走兽、自然山川、建筑交通等各类图形，而神祇因事所需，随机扩充，同时也是人民美好生活愿景的寄托。在今"玄学热"正流行，但其实在一千多年前，云南先祖们就已实现"神明自由"。

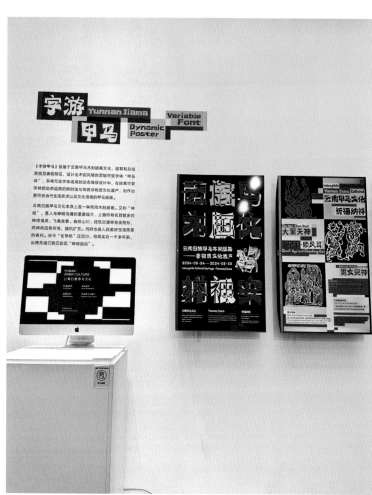

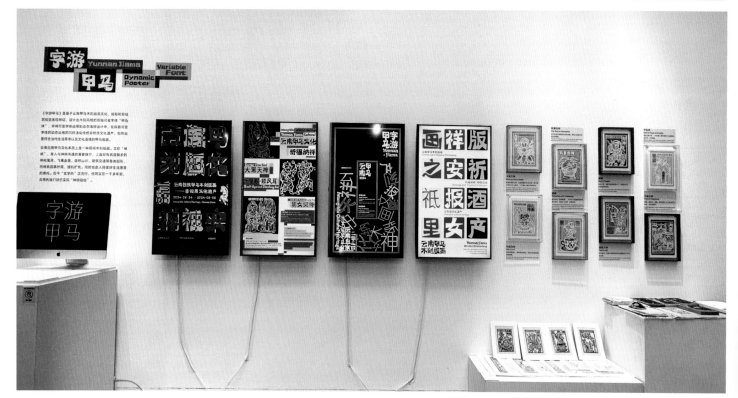

我们生活在数字图像世界之中，我们所见之处并非所实，遮蔽与隐藏之处存满人的欲望与幻想。无论客观世界还是人本身都是深不见底的黑箱，我们永远好奇、猜测、疑惑、恐惧。在黑箱剧场中迷失、异化自我。

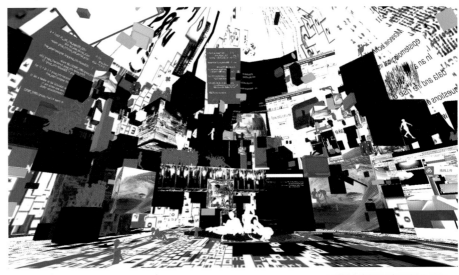

视觉传达
设计系
DEPARTMENT OF
VISUAL COMMUNICATION
荆潇　　面剧
指导教师 - 周岳
46

系列插画作品借鉴了民间剪纸的视觉形式语言，视觉呈现 8 首原创诗歌内容。诗歌是以失眠、孤独、迷茫、端水、赶时间等日常生活中可能面临的情绪感受与生活情景为蓝本创作而成。每一幅插画画面分别独立呈现一首诗歌内容，以不同的人物神态、复合的面部形象以及杂糅互渗的荒诞造型作为视觉载体，超现实地呈现一幅幅"人面戏剧"。

"借一张脸，演一出戏，绘品人间滋味"。

视觉传达
设计系
DEPARTMENT OF
VISUAL COMMUNICATION

李嘉瑶　　大湾家

指导教师 – 黄维

47

港珠澳大桥承载着连接三地的使命。为传递大桥工程文化内涵，该项目设计了"大湾家"文创 IP，融合港珠澳三地与大桥的代表性元素，创造出一系列亲和的家庭成员形象，以家的理念诠释港珠澳大桥的精神内核和文化基因，展现了文化创意与工程形象塑造相结合的可能性。

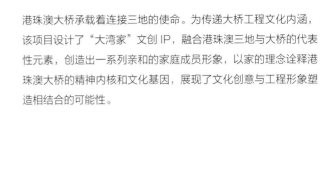

该设计旨在通过视觉艺术和交互设计的表现方式，突破传统语义下对于毒蘑菇的定义与刻板印象，探寻毒蘑菇危险语义下的"美"的表现形式，并在对人类和蕈类共生、共存、共享的历史中探寻并重新审视人类与自然的关系。

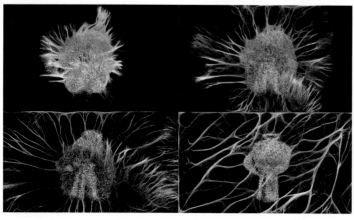

逐景觅福意——寻福记是以“藏福”和“寻福”为核心逻辑的互动性文创产品。在恭王府博物馆各处美景之中隐藏起结合其视觉和文化意义所设计的“福”，借助实地 AR 手段，观众到素有万福之园美称的恭王府博物馆寻福气、沾福气、带福回家。

景福意安宁——蝙蝠，谐音“遍地是福”，是中国传统吉祥纹样的重要组成部分。在传统蝠纹的基础上，结合恭王府内其他文化资源创造出独属于恭王府博物馆的“新蝠纹”，并赋予其新的福运内涵。

银安福

含义：有条不紊、事事顺利。
位置：银安殿

沁心福

含义：甘芳沁心、流觞咏情。
位置：流杯亭

藤花福

含义：志向高远、恰到好处。
位置：香雪坞前垂花门

棣华福

含义：常棣之华，兄弟怡怡。
位置：棣华轩

翔运福

含义：恭敬有礼、时运旺盛
位置：一宫门

云停福

含义：志向高远、恰到好处。
位置：二宫门

嘉乐福

含义：嘉乐君子，宪宪令德。
位置：嘉乐堂

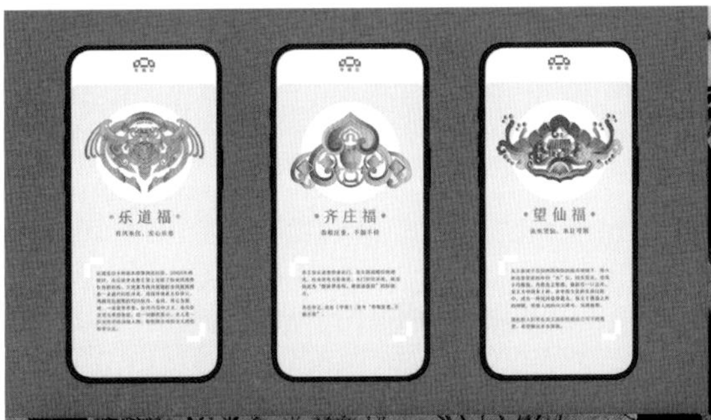

锡花福

含义：前途光明，欣欣向荣。
位置：锡晋斋前垂花门

齐庄福

含义：恭敬庄重，不偏不倚。
位置：乐道堂前垂花门

作品以中国传统民间故事《公冶长识鸟语》为文本进行绘本创作，通过研究波斯细密画构图、色彩，以及装饰纹样的视觉特征，探讨波斯细密画绘画风格融入绘本创作的可行性，并借此次设计实践探索中国传统文化多元化的发展道路，为该类绘本创作风格的发展提供新的思路。

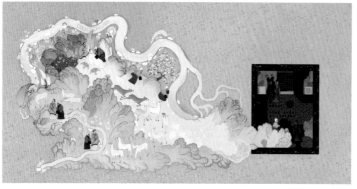

视觉传达
设计系

DEPARTMENT OF
VISUAL COMMUNICATION

孙伟航　历时演变体——生成式
可变字体系统

指导教师－陈楠

51

"历时演变体"是一款基于历代汉字正体字形演变脉络，结合可变字体技术的字库作品。六种变化维度实现字形的自由变换，互动体验可使人们感受汉字的动态演变之美，其高适用性满足多媒介应用，探索汉字设计新趋势及多维的文化洞见。

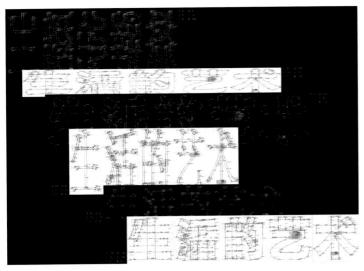

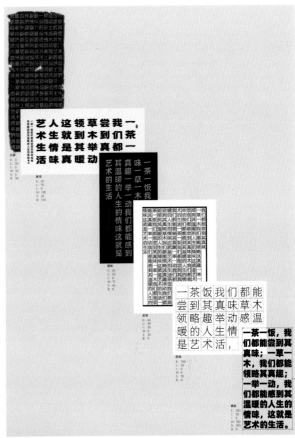

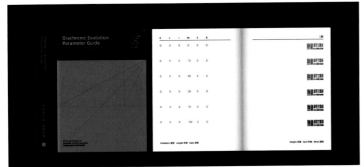

折叠不只是日常的身体习惯，也有着人召回空间记忆时的再造想象。作品从策展情境切入，使用"展册即展览"概念，借纸、盒、笔、布品四种常见的生活折叠结构，加入主观视角的记忆与视觉加工，形成四种不同结构的无胶无订的纸张折叠，以关注家庭空间的厚薄、大小、长短、前后四种关系，从中展示家庭交往的点滴。

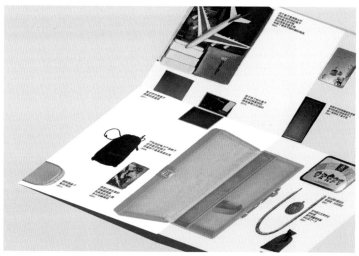
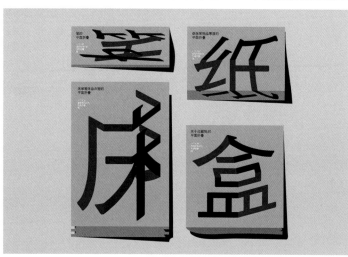

花鸟字是一种将字、画巧妙融于一体的民间汉字图形，蕴含着民间吉祥喜庆的寓意。设计实践以"花鸟吉语"为主题，创作文本为数字吉祥语。基于花鸟字的造型特征，并使用合体字的结构方式，以及矢量规范、数字手绘表达、墨色渐变、场景交融的方法探索花鸟字新的视觉形式，图意交融，和合共生。将花鸟字从热闹喜庆的民俗风格转向素雅的文人气质，营造一个繁简交加、虚实相生的奇特意境。

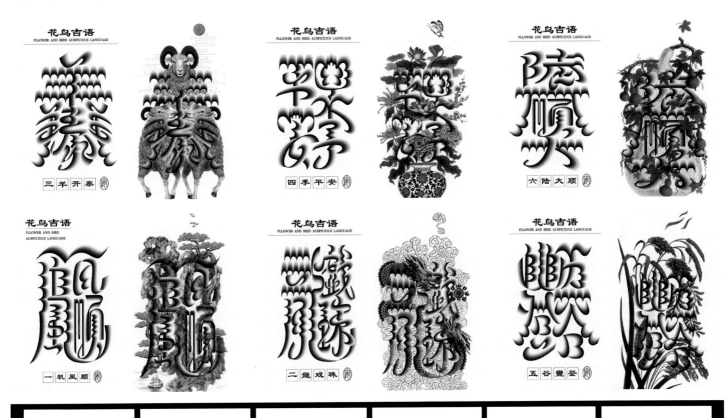

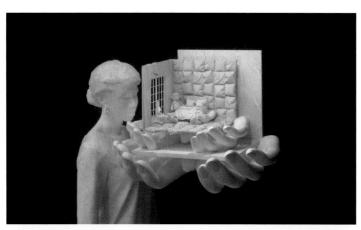

女性的成长过程当中，有着属于她们的身份角色、生命体验和关卡，是困惑也是选择。波伏娃、伍尔夫、戴锦华等世界各国的女性思想家对不同女性成长话题有着不同的理解。基于对当代女性成长话题的思考，以女性从私域走向公域为线索，在场景中建构女性思想家在同一话题下两两对话的组织形式，用直观、戏剧化、符号化的视觉表达方式呈现抽象的女性哲学理论与女性的成长话题。

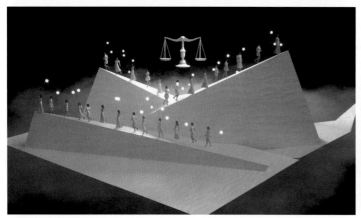

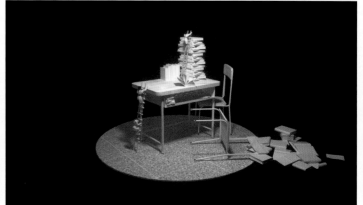

作品基于端午节背后蕴含的阴阳五行观念，以"天中五瑞"及"五毒"为原型，创作出了"瑞草安康"端午药俗系列 IP 形象及以这些 IP 形象为主角的绘本《瑞草安康》，旨在让端午文化更全面地嵌入当代人的生活中。

池紫薇

赖宇

马梦珂

梅琪

陈尧祥

雷雅涵

李豫冀

卢思奇

汤畅

张雪莹

DEPARTMENT OF
ENVIRONMENTAL ART DESIGN

环境
艺术设计系

主任寄语

对社会的感知、对生活的体验，对新设计手法不断的尝试，年轻的学生们始终在不断探索。他们用自己的方式诠释着周围的环境，有的深耕历史，有的关注时尚，有的研究生活，有的探索未来。环境艺术设计系 2024 届硕士研究生毕业作品展参展学生共有 11 位，其中学术型研究生 5 人、专业型研究生 6 人。他们的研究内容丰富、观察视点多样，同学们不仅表达人与环境的关系，对身边的环境感知、体验、设计、塑造，更对环境与社会、环境与人、环境与未来进行批判性的思考。每个学生无不用心、用力、用情在自己的作品中，探索设计的多样性、更多的可能性，并通过作品呈现自己对环境的思考。

环境
艺术设计系

DEPARTMENT OF
ENVIRONMENTAL ART DESIGN

池紫薇

意象 声景 Sound Fields
No.1530

指导教师 – 梁雯

58

中国古代的仪式环境是由建筑、时刻、声音、灯光、嗅觉等多重
要素建构的记忆之场。其中，声音作为塑造仪式场景的重要元素，
对环境中的建筑物、器物、仪式程序，以及仪式参与者的具体行
为都产生了不可忽视的影响。作品通过结合声景学的理论框架，
对明代嘉靖早间"大祀祭天仪式"中的"礼乐"进行了分析，并
使用当代的艺术设计手法对仪式环境的声音环境物理、仪式行为
交互，以及仪式的文化知觉联想进行了全面的诠释与重构。

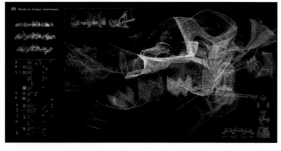

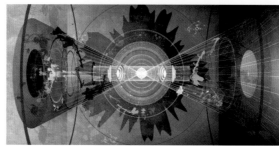

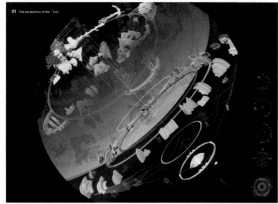

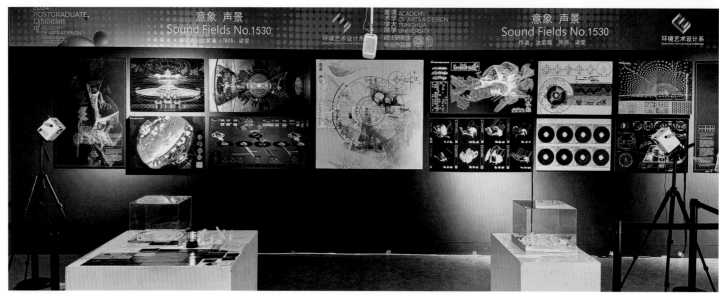

深圳科华学校二期扩建主要包括 25 间机动教室及教师办公室。二期扩建用地面宽 70.3 米，进深 24.6 米，西侧和南侧靠近教学楼，用地非常紧张。加之急剧增加的生源压力，二期教学楼需要增建到 6 层之高，在这些限制条件之下，项目需要解决日照不足、楼间距过窄、东西界面过长和楼层过高不利于课间活动开展等的问题。受用地面积和用地形状的影响，二期学校的建筑类型基本限定在了条状布局的形式上。因此，设计将从教学单元的多功能适应性设计入手，试图通过开放、多元的教学空间来寻找解决场地问题的突破口。

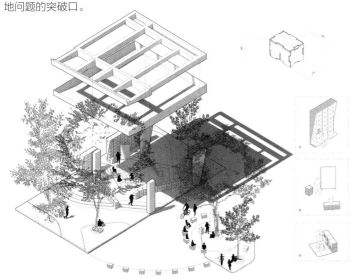

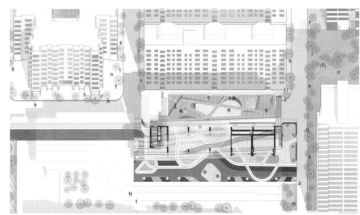

澶为水流平静的意思，作者希望以雕塑性的表现手法，充分运用
人体工程学理论，将凝固的流体这一设计概念，较为抽象化地运
用到适宜人体尺度实用的家具设计中。

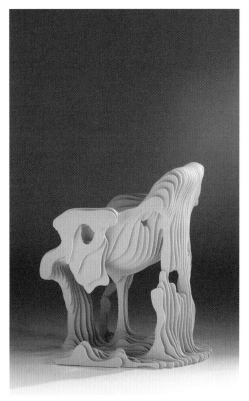
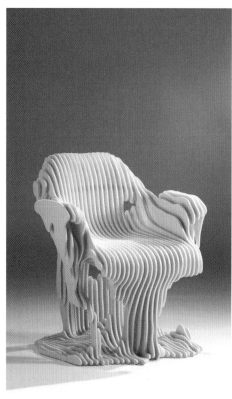
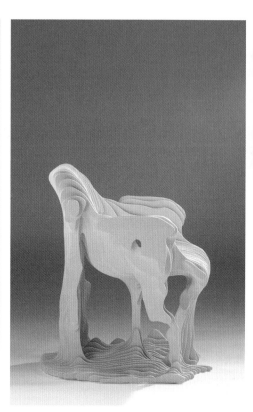

以江苏省扬州市邵伯古镇为场地展开设计，植入文化交流、民俗体验、艺术表演等多种功能，加强景观的连续性，使全域环境联结为更紧密的整体以进行环境叙事，通过触发空间情节回溯历史场景，构建古今对话。

环境
艺术设计系

DEPARTMENT OF
ENVIRONMENTAL ART DESIGN

陈尧祥

Creating Your Microhome
——基于青年群体的模块化小
住宅环境设计

指导教师－宋立民

62

方案从青年群体多样化的居住需求出发，强调其在小住宅设计过
程中的参与及自主创造，提出具有实验性的小住宅定制化模块系
统，为适应青年群体的模块化小住宅环境设计提供解决方案。

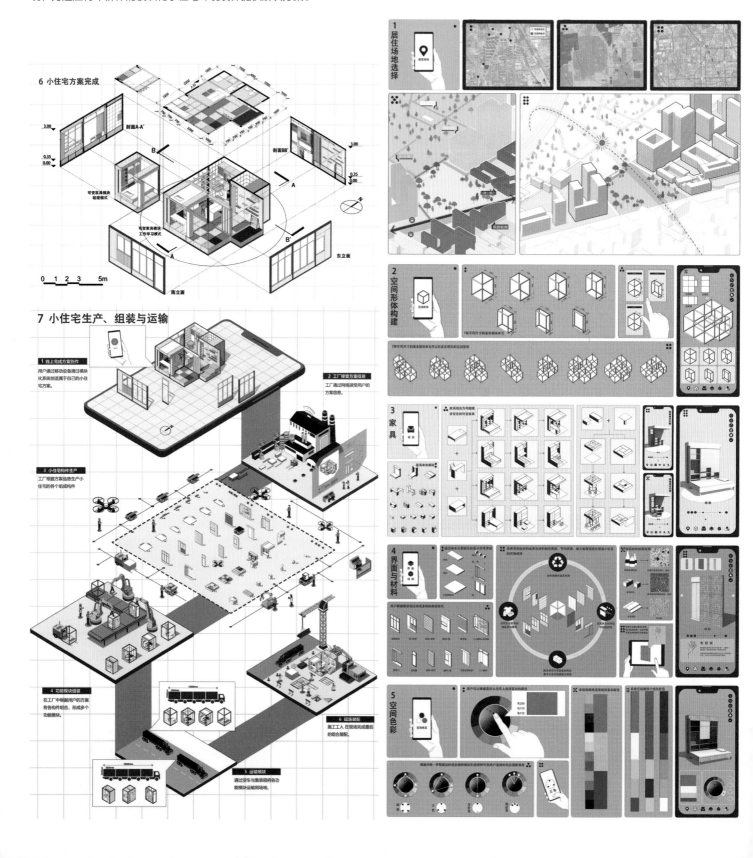

方案旨在放大场地中蕴藏的各种看与被看的关系，通过空间洞口的物理载体，将传统观念中以"私密性"为主的婚姻登记行为变成一项面向公共、可供观看的"开放性"礼仪行为。

强调婚姻登记空间作为政务性办公空间，不仅需要高效便捷的业务办理流程，还需要赋予婚姻登记行为更多的仪式感和更细腻的情绪体验。

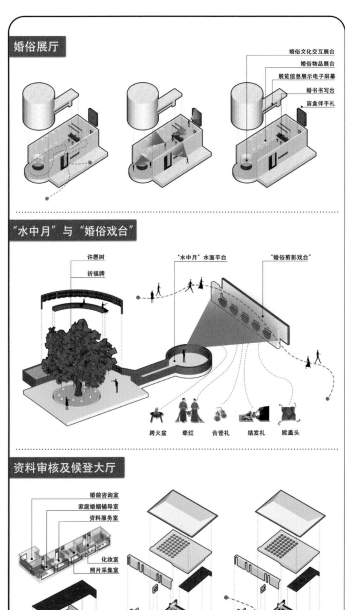

婚俗展厅

婚俗文化交互展台
婚俗物品展台
展览信息展示电子屏幕
婚书写台
盲盒伴手礼

"水中月"与"婚俗戏台"

许愿树
祈福牌
"水中月"水面平台
"婚俗剪影戏台"

跨火盆　牵红　合卺礼　结发礼　掀盖头

资料审核及候登大厅

婚前咨询室
家庭婚姻辅导室
资料服务室
化妆室
照片采集室

资料填写
资料审核处

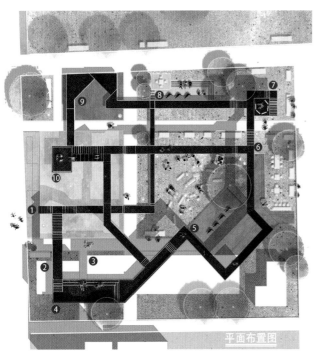

平面布置图

通过实地调研和问卷调查深入了解了居民对天桥地区社区公共空间的真实感受和需求，设计实践的核心目标是促进社区居民的参与，凝聚文化记忆，强化身份认同，以及提升居民的生活质量和空间体验。通过结合文化记忆理论与公共空间设计方法，本次实践不仅关注了公共空间的功能性和实用性，也深层次地融合了空间的文化内涵和精神价值，创造出既满足日常生活需求又富有文化氛围和精神寓意的公共环境。基于理论研究与实践案例的分析，该研究构建了一个综合的公共空间设计框架，并将其在天桥地区的社区公共空间设计中加以验证，此框架兼顾物理空间的使用需求与文化空间的精神需求，更全面地考虑和实现了社区公共空间的多维度设计。

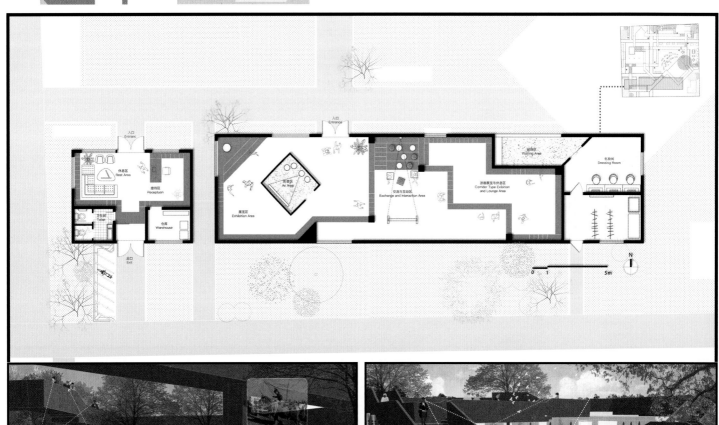

该方案试图用装配式设计方法重构当前智能餐饮空间体系，为智能餐饮空间提供新的设计思路。通过创造舒适便捷、灵活可变的智能餐饮空间，解决现阶段智能餐饮空间存在的问题，以提升空间品质，推动餐饮业的智能化转型。

装配式场景搭建

1 确定场地类型

（2）学校、社区、事业单位食堂

学校与事业单位的食堂就餐时间固定，且需要在特定时间满足大量人员的就餐需求。同时由于食堂的属性，往往更注重用户的健康饮食，智能化餐饮可以满足其需求。

以学校食堂为例

品尝

配菜

售卖

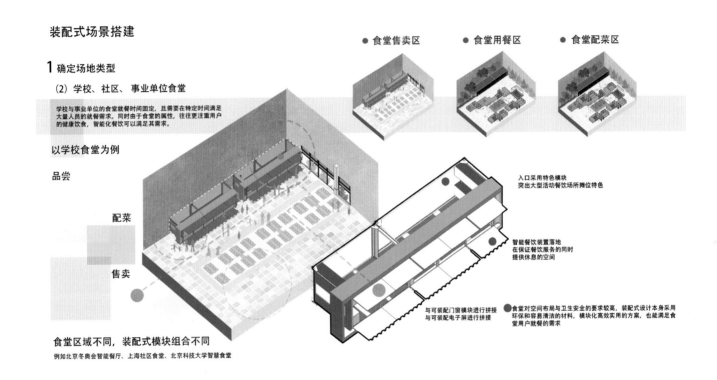

● 食堂售卖区　　● 食堂用餐区　　● 食堂配菜区

入口采用特色模块
突出大型活动餐饮场所摊位特色

智能餐饮装置落地
在保证餐饮服务的同时
提供休息的空间

与可装配门窗模块进行拼接
与可装配电子屏进行拼接

● 食堂对空间布局与卫生安全的要求较高，装配式设计本身采用环保和容易清洁的材料，模块化高效实用的方案，也能满足食堂用户就餐的需求

食堂区域不同，装配式模块组合不同
例如北京冬奥会智能餐厅、上海社区食堂、北京科技大学智慧食堂

装配式场景搭建

1 确定场地类型

（3）商业综合体

商业综合体面临客流大、租金高、成本高的问题。在商业综合体内采用智能餐饮空间装配式设计，可根据不同的商业综合体位置、品牌特色等因素，快速搭建与商业综合体整体环境相协调的餐饮空间。

商业性质

售卖

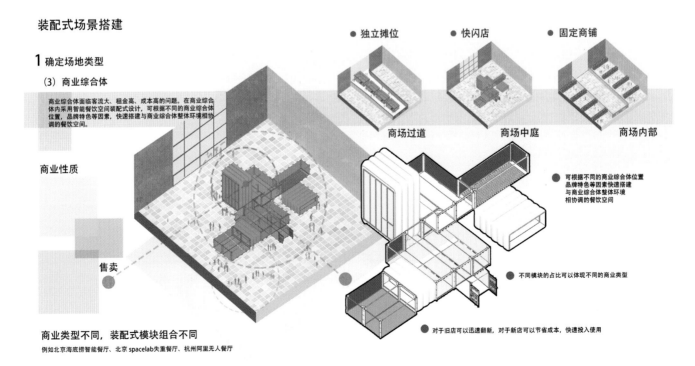

● 独立摊位　　● 快闪店　　● 固定商铺

商场过道　　　商场中庭　　　商场内部

● 可根据不同的商业综合体位置、品牌特色等因素快速搭建与商业综合体整体环境相协调的餐饮空间

● 不同模块的占比可以体现不同的商业类型

● 对于旧店可以迅速翻新，对于新店可以节省成本，快速投入使用

商业类型不同，装配式模块组合不同
例如北京海底捞智能餐厅、北京 spacelab 失重餐厅、杭州阿里无人餐厅

针对当前城市应急避难场所与应急设施在灾时不能快速反应的问题，研究以平灾转换为切入点，设计出可平灾功能转换且可持续的应急避难场所与设施，以提升城市整体抗灾能力。从社会、环境和经济方面减轻灾害对城市的影响。

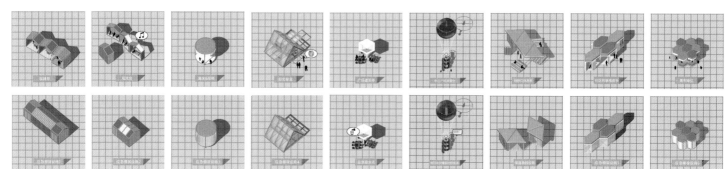

方案以北京大栅栏地区杨梅竹斜街为场地，将街道视为"舞台"，街道中的行为是"舞台"上的"表演"。将人与"舞台"的关系分为"逢场作'戏'""转瞬即逝""记忆痕迹"三大类型，结合原场地的使用关系提出策略。

安东

陈安琪

陈柯璇

高歌

李嘉翔

马思然

张晨凯

张鑫

郑佳玉

郑坚辉

周子凡

傅千懿

高阳

DEPARTMENT OF
INDUSTRIAL DESIGN

工业
设计系

主任寄语

人生是一场长跑，一路上风景迷人而又充满挑战。在无数难忘的片段当中，毕业季就是其中挥之不去的一笔。

无疑在同龄人当中你们是幸运的，在人生最美好的年华相遇在美丽的清华园，三年的时光你们通过专业基础课程、社会实践、国际交流、团队合作甚至是跨专业协作的学习经历，用共同的努力一起播种梦想，把勤奋、友情、欢乐和收获留在了校园的每个角落。我相信在清华园学习生活的这份珍贵记忆会温暖你们的一生。

共同的努力铸就最美好的明天。很多年后，你们会把这个夏天叫作"那年夏天"，那个充满最美丽、最灿烂回忆的夏天。

以参与式展示设计为手段，将老舍在青岛的文学创作作为展示内容，设计城市文化参与式展示空间，充分调动城市文化与社区参与两个切入点，为城市更新中的文化景观保护提供新的更新方向与设计思路，同时用社区的认同感与归属感产生的新文化形态，促进城市文化的多样性。

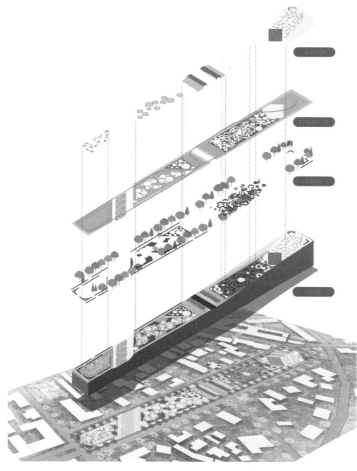

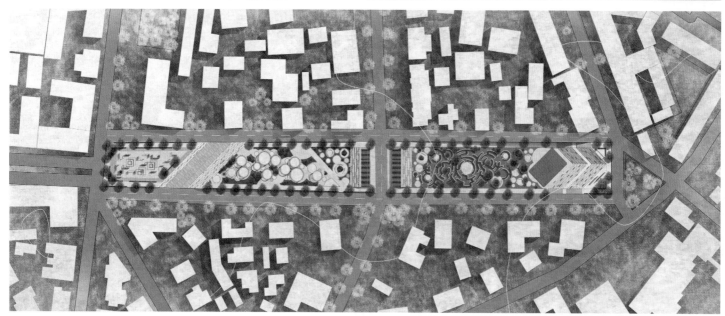

情绪疗愈是当今社会的热点话题。研究结合创新实践，探索了空间环境与声音环境的相互关系，将展示设计与音乐疗愈相结合，通过科普展示手段和音乐疗愈体验来引导参与者主动进行心理疏导，在沉浸式的体验和娱乐中抒发情绪、缓解压力，最终获得心理上的疗愈。

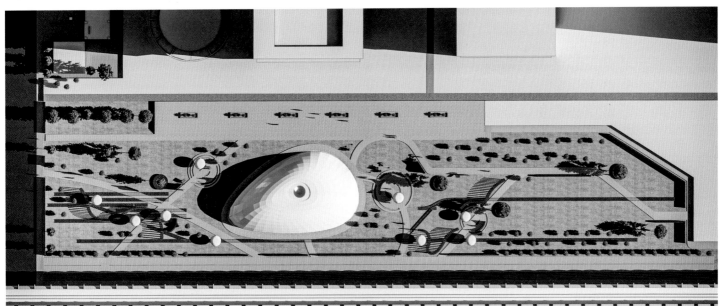

**场景1:
日间捕获海风中的水汽**

在高温的日间，为防止水份过快蒸发，捕雾网整体面积缩小（螺旋间距减小）；
捕雾网表面结构采取叶宽减少（在水汽发生的垂直方向保证一定面积的暴露-维持一定的水汽接触）；
直径减小（起伏程度变小，限制水分子在螺旋内的不规则运动-限制水汽逃离）的策略来保证捕获水汽的最大效率。

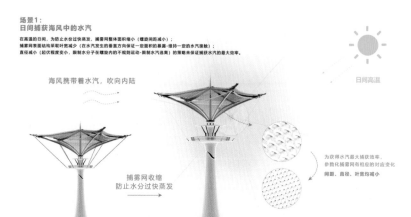

海风携带着水汽，吹向内陆

日间高温

捕雾网收缩
防止水分过快蒸发

为获得水汽最大捕获效率，
参数化捕雾网有相应的对应变化
间距、直径、叶宽均减小

根据螺旋草所体现出螺旋结构的环境适应性、生长机制的本源性原理，提出了一种沙漠绿化集水系统概念设计方案，主要是将螺旋形态应用于捕雾网的表面纹理设计，通过调节螺旋参数以确保不同环境条件下最大的水汽捕获效率。该系统能够捕捉并收集空气中的水汽和雨水，还能进行水资源的储存和分发，为沙漠绿化水资源短缺提供了一种新的解决方案。

**场景2:
夜间捕获雾气**

在昼夜温差的作用下，夜间沿海沙漠形成雾带，为更多地收集水汽，捕雾网整体面积增大（螺旋间距增大）；
捕雾网种展开，叶宽增大（在水汽发生的垂直方向最大化暴露面积-维持最大化的水汽接触面积）；
直径增大（捕雾网起伏程度变大，实现多方位雾气地捕捉），达到最高效率捕获雾气。

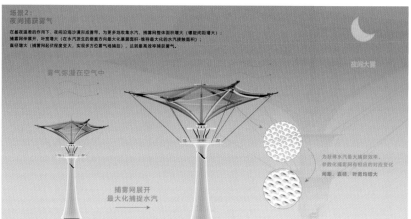

雾气弥漫在空气中

夜间大雾

捕雾网展开
最大化捕捉水汽

为获得水汽最大捕获效率，
参数化捕雾网有相应的对应变化
间距、直径、叶宽均增大

沙漠绿化集水系统

福福(FuFu)是针对城市居家养老人群的陪伴型机器人产品设计，可以为老年人提供陪伴和正向情绪价值，同时具有智能辅助、交互娱乐、保暖、安全监测等实用功能。

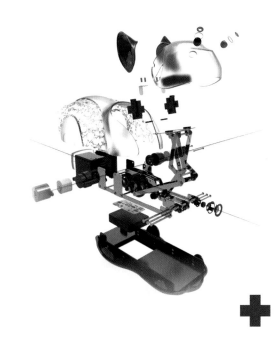

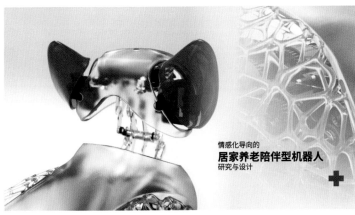

情感化导向的
居家养老陪伴型机器人
研究与设计

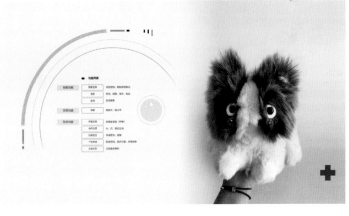

"球鞋进化智能模型"是一款基于扩散生成模型的 AI 设计引擎，通过直观的自然语言交互，引领潮流球鞋设计的未来。它创新性地将风格、形态、材质三大设计要素融合，构建出一个多维度的创新坐标体系。在这个体系中，球鞋设计不仅遵循传统美学，更通过智能算法的深度学习与优化，激发出无限创意，创作出一系列的超越人类想象的 AI 球鞋设计。

让前沿，
更先锋。

让经典，
更流行。

Make cutting-edge,
more avant-garde.

Make classic,
more popular.

风格 style:
cybertruck

风格：
AJ1黑红配色 air Jordan1

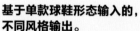
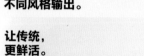

基于单款球鞋形态输入的，
不同风格输出。

AI+ 设计

让传统，
更鲜活。

让文化，
更国际。

Make tradition,
more vibrant.

Make culture,
more international.

风格：
青花瓷 Blue and white porcelain

风格：
青铜器 Bronze

球鞋进化
智能模型

DesignGPT™
球鞋进化智能模型　AI+ 设计

这是一款能创作潮流球鞋的AI模型，
你可以用自然语言让它帮你做设计。

This is an AI model capable of creating trendy sneakers; you can use
natural language to have it assist you in the design process.

无限创意　可编辑　流行趋势

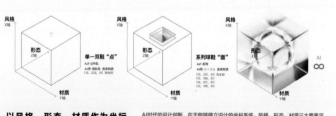

风格
X轴

形态
Z轴

材质
Y轴

单一双鞋"点"

风格
X轴

形态
Z轴

材质
Y轴

系列球鞋"面"

风格
X轴

形态
Z轴

材质
Y轴

AI
∞

以风格、形态、材质作为坐标
轴，AI的设计可以覆盖这个坐标
下的所有可能。

Taking style, form, and material as coordinate
axes, AI design can cover all possibilities within
this coordinate system.

AI时代的设计创新，在于能够建立设计的坐标系统。风格、形态、材质三大要素足以定义一双鞋。在这个坐标系统里，每一个点都对应着一个设计，而整个坐标，代表了从过去、现在、到未来，所有球鞋设计的可能性的总和。AI是打开这个"宇宙魔方"的关键钥匙，为"可计算的创意"带来可能。

In the AI era, the innovation in design lies in the ability to establish a design
coordinate system. The three major elements of style, shape, and material
are enough to define a pair of shoes. Within this coordinate system, each
point corresponds to a design, and the entire coordinate represents the sum
of all possibilities for sneaker designs from the past, present, and future. AI
is the key to unlocking this "universal Rubik's Cube," bringing possibilities to
"computable creativity."

输入鞋型、材质、风格参考，
你就可以创作出属于自己的设计。

AI+ 球鞋

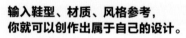

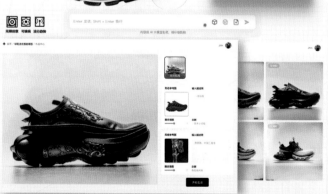

球鞋进化
智能模型

DesignGPT™
球鞋进化智能模型

专为生成设计定制图形交互界
面，搭载"创意对撞机"模型，
生成结果高度可控。

A customized GUI for generative design,
equipped with a "creative collider" model for highly
controllable results.

生成设计和生成图像有本质不同，AI生成设计对于输入提示词的要求更为严苛。在交互体验层面，以提示词为核心的创作范式可能并非终极形态。图形用户界面基于出色的交互体验，快速"取代"了DOS命令行一直影响至今，即使进入AIGC时代，答案也许仍在其中。因此，我们为球鞋设计定制了算法、模型、以及界面。

Generative design is fundamentally different from generating images, and
AI-generated design has more stringent requirements for inputting cue
words. At the level of interactive experience, the paradigm of prompt-
centered authoring may not be the ultimate form. Graphical user interfaces
have been influential in quickly "replacing" the DOS command line based on
the excellent interaction experience, and the answer may still be there even
in the AIGC era. Therefore, we have customized the algorithms, models, and
interfaces for sneaker design.

工业
设计系

DEPARTMENT OF
INDUSTRIAL DESIGN

马思然　极地高速无人牵引载具
概念设计

指导教师－邱松

75

一辆在南极大陆进行运输工作的无人雪地牵引车概念设计，利用
基于动物毛皮雪地滑行优势进行形态研究所产出的成果设计而成
的智能底盘进行滑行机动，并采用航空发动机进行驱动，能够极
大提升在南极聚落间的运输效能。

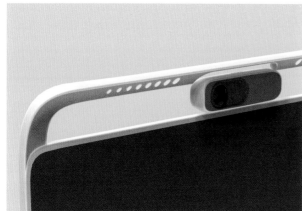

ICU 医疗助手是一款为 ICU 场景设计的多功能移动医护工作站，其整体尺寸、人机工学与功能设计都是完全基于对 ICU 场景的真实洞察，并创造性地融入了 AI 技术驱动工作流程，可以极大减轻 ICU 医护人员的工作压力，提高工作效率。

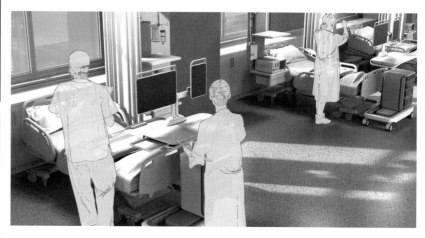

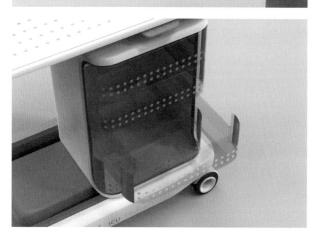

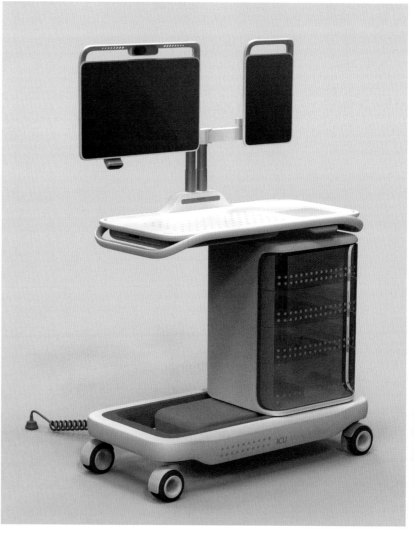

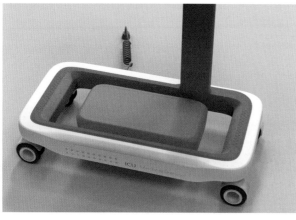

该设计提出一种将探伤机器人、探伤工程车和探伤软件结合的铁轨探伤系统创新设计，以无人化工作降低探伤人员劳动强度并提升效率与职业满足感。

通过研究凤仙花种子的弹射原理，将原理进行机械化模拟之后应
用于无人机组的弹射装置设计中，其适用场景为森林巡航。设计
的核心目的是为了将森林巡航作业智能化，提升森林巡航的效率
和灵活性，实现快速部署无人机组进行高效的巡航作业。

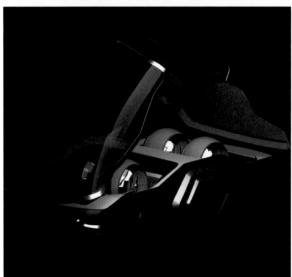

在电车背景下，探讨交通载具在私人空间与公共空间下的存在方式。选取景观空间为灵感，从空间设计出发。以波浪造型为主，围绕用户体验，重新定义汽车、城市环境与自然融合的生活方式。形态保留车轮与座舱的基本元素，布料形态的曲面落到部件上形成纯粹曲面造型，提供人们依偎在外观造型的基本载体，进而提供相应的交互场景。

工业
设计系
DEPARTMENT OF
INDUSTRIAL DESIGN

周子凡　吉利银河来野概念车设计
——基于符号学视角下的
汽车外造型视觉表意研究

指导教师 – 刘志国

80

在科技高速发展、传统文化与现代生活相对割裂的当下，如何通过汽车外造型传递"中国性"的品牌特质、体现具有现代感的中国设计？通过选取能够引起国人最广泛情感共鸣的汉字作为表意基础，将"吉"字解构变形，使其融入车头、车尾、轮毂的造型设计当中：车头部分"口"字形灯带与座舱内部乘员共同形成"口"上"士"的"吉"字结构隐喻；前后轮毂与尾部设计分别对于"吉、利"与"吉"字进行图形明喻，以此传递吉利品牌文化特质，生成具有现代性的中国设计。方案以符号学理论在汽车设计中的应用研究为基础，探讨电气化时代车辆外造型设计的可能性，结合目标用户需求，提出了适于城市内高速行驶的纯电跨界越野车外造型新架构。

" SUPER AERO & SUPER OFF-ROAD "　　" NO ENGINE, NEW EXPERIENCE "

GEELY DESIGN

REAR GRAPHIC DESIGN

工业
设计系

DEPARTMENT OF
INDUSTRIAL DESIGN

傅千懿 亲自然设计导向下的城市儿
童社区阅读空间设计研究

指导教师 - 周艳阳

81

方案选取大连市劳模公园这个社区维度空间，打开阅读空间设计的新视角，使用亲自然的设计手法打破传统儿童阅读在图书馆、教室等封闭室内空间的桎梏，为儿童带来更适宜阅读的自然体验，提供一个具有丰富感受性的探索环境，引导儿童享受阅读，健康成长。

方案从快闪城市理论视角出发，以九步理财法为线索，将城市中
的快闪节点有机串联，展示了商业空间与银行网点在快闪城市理
论下的融合设计，有助于探索商业空间及银行网点设计发展的新
路径。

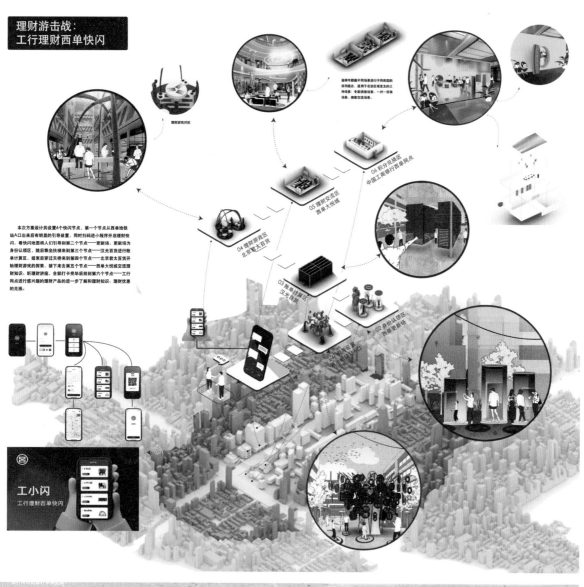

单金

李馥全

卢子翔

杨慧超

高瑜

郭懿

孙锦涛

王石竹

吴竟诚

DEPARTMENT OF
ART AND CRAFTS

工艺
美术系

主任寄语

这里呈现的是工艺美术系 9 位硕士研究生的毕业设计作品。毕业作品是同学们三年来学习成果的综合汇报，也是对工艺美术系教学工作的一次全面检验。与往年相比，今年的毕业作品呈现方式更加多元，既有源于传统手工艺的创造演化，也有当代性、实验性的观念探索，更有基于个人生活体验的研究展现，通过不同的材质选择，诠释出对当代工艺美术的理解和感悟。可以说每件作品都承载着同学们的理想和希望，每件作品的背后都凝聚着工艺美术系的老师和同学们辛勤耕耘的汗水、不懈的努力与执着的追求。

"毕业"是你们艺术生命的一个崭新的起点，你们即将走入社会，那将是一个更广阔的舞台，希望所有的同学能在新的舞台上展示自己的才华，谱写人生新章。相信在不久的将来，学院将为你们的才华和你们在社会上所取得的成就而骄傲、自豪！

系列创作从形态、材质、工艺、观念的维度对"刻面宝石"这一
具有丰富象征内涵的对象进行解构，探讨"轻盈与沉重、人工与
自然、秩序与散乱、熵增与负熵"的矛盾，完成系列花器与首饰
创作。

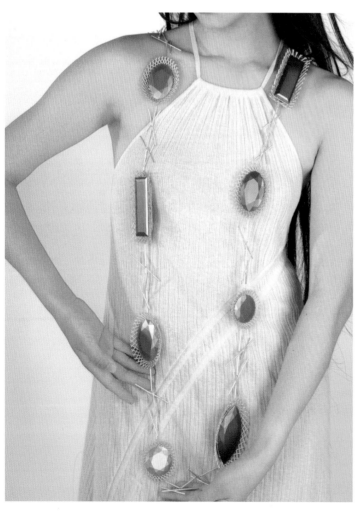

**工艺
美术系**　DEPARTMENT OF
ART AND CRAFTS

李馥全　金缮修复（元代磁州窑瓷枕、磁州窑系剔花玉壶
春瓶、宋代龙泉窑龙纹大盘、元扒村窑鱼纹大盘、
定窑白釉划花盖瓶、宋代龙泉窑暗纹大碗、五代
定窑白轴碗、宋临汝窑执壶、晚清彩绘瓶）
碎片回忆定格照

指导教师－杨佩璋　**87**

金缮修复拥有悠久的历史和丰富的文化内涵，是传统工艺中重要
的一部分。《金缮修复》系列作品包括元代磁州窑瓷枕、磁州窑
系剔花玉壶春瓶、宋代龙泉窑龙纹大盘、元扒村窑鱼纹大盘等多
件陶瓷器物。《碎片》系列作品是作者对金缮工艺的创新性设计，
将金缮修复与窑制玻璃相结合的全新修复方式。与此同时，作者
在漆画方向创作了《回忆定格照》，作品描绘的是作者对家乡的
回忆，儿时记忆里红瓦、大海，结合漆语言进行全新演绎。

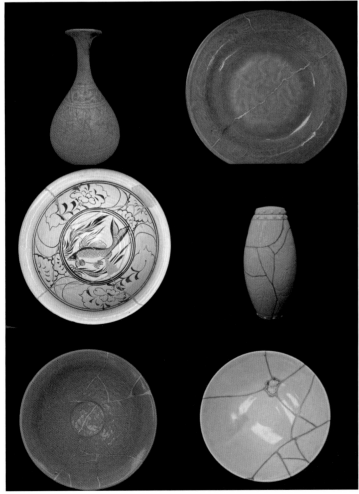

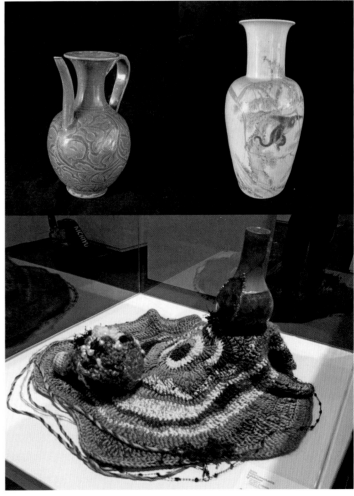

作品利用"包裹"的方式重塑了内在的框架形体，其观念意在探讨宏观与微观之间的抽象关系，且试图打破并融合二者的维度联结，以空间本体的形式呈现出来。而新型材料和成型方法的运用又是对漆立体表现新的探索与尝试。

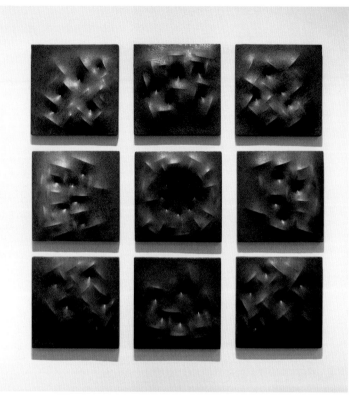

挖掘自然对象美的规律，在画面中追求具有装饰性、抽象性和趣味性的形式语言。整体上呈现"以线造型"的视觉效果，利用反复撒粉、贴箔和整体多层次罩漆的方式对画面加以渲染和点缀，寻找丰富的肌理变化和质感变化。

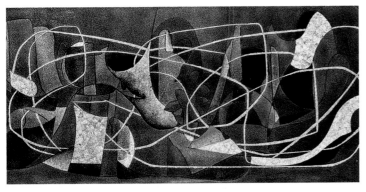

作品灵感来源于逐渐消逝的老屋，旨在表达时间流逝、物是人非的意境。通过 10 张不同尺寸的漆画作品，以非规则性的组合排列形式进行展览，以此讲述老屋消逝的故事，每一幅作品都如同一页图像日记，记录着时光的痕迹和记忆的流转。

《一个器皿的诞生》是一套以鹅卵石为原型的银壶，灵感来源于开裂的石头。

《石器》是一套以鹅卵石为原型的花器，通过木纹金工艺制作出表面像代码一样的花纹，寓意数智时代人类留下的痕迹。

孙锦涛　JUMP
格子先生
圆圆镜家族
抱抱
爆炸潮仔
烈焰酷哥

该系列作品旨在描绘现代人物的多样性。在这个快节奏的社会中，人物身着各式服装，戴着各异的眼镜，他们的身影大小不一，以不同的方式积聚着城市的活力。作品通过几何化的形式和鲜明的色彩对比，展现了不同人物的个性特征。利用大漆等传统媒介，呈现出丰富的纹理和层次，形成了一种将传统与现代融合的形式语言风格。

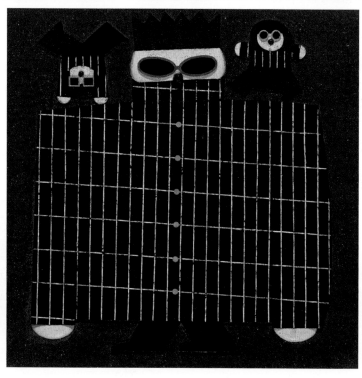

工艺
美术系　DEPARTMENT OF
　　　　　ART AND CRAFTS

王石竹　纪元
　　　　漫步寰宇
　　　　天宙大观

指导教师 – 王晓昕

93

《纪元》设计灵感来自距地 16 万光年的 N44F 天体，将其中直径为 35 光年的"宇宙晶洞"气泡状空腔结构与自然珠宝晶洞融合表现，同时在创作中融合了宇宙大爆炸的过程语言，以浮雕和首饰艺术形式结合的方式进行作品呈现。作品运用钛错金银的工艺语言表现了从奇点爆炸到重力塌陷、引力吸引，再到星系碰撞的融合过程，最终汇聚到中心的克莱因瓶高维形态，以此表达从宇宙诞生到星系形成，从宇宙之初到未来高维宇宙的形态变化过程，整体作品以现代钛金属着色工艺结合中国传统错金银工艺，将现代材料复合在传统工艺之上，表达宇宙演化的磅礴历程。

《漫步寰宇》的设计灵感来自元宇宙的无限空间，作品将内外链接的莫比乌斯环利用参数环的方式扩展成拓扑体，形成表面无正反、空间无边界且无限连续的形体结构，结合细腻的金属框架设计语言进行展示，金属框架的单元语言为直线衔接，但轮廓曲线圆柔，以此表达刚柔并济、相融相生，材料使用钛合金阳极氧化着色结合珍珠镶嵌，在色彩上呼应浩瀚无垠的宇宙星空，主体结构间的连接方式以首饰语言结合展现，由此将币章艺术与首饰结合起来，使用中国传统错金银的工艺制作出内凹外凸结构的币章，镶嵌在主体空间结构之间，在表达内部结构无限纵深的同时，暗示出传统语言在未来空间中的穿梭与共生。

《天宙大观》设计灵感来自中国传统汉画像石上的几何边饰纹样。这种由半圆、菱形和波浪线组成的抽象图案分别代表太阳、田地与河流，象征着古人浪漫的宇宙观。现代宇宙观发源于现代科学，是以原子结构为基础的原子宇宙观，其特点为绕核旋转的环形结构。发展至未来则为基于数字技术实现的元宇宙观，具有交织的网状特点。作品将中国传统汉画像石的几何边饰作为构成元素，结合平面结构、原子结构和网状结构设计而成。将几何边饰从平面绕转形成环状立体再交织形成网状结构，分别对应了古人的平面宇宙观、现代原子宇宙观和未来元宇宙观。整件作品凸显的是古、今和未来三重宇宙观的凝结，故为《天宙大观》。作品采用3D 铸造和传统手工花丝工艺制作而成，让现代科技与传统手工发生交融，同时将玉石材料与珠宝材料搭配，让东方文化和西方文化交融碰撞，在三重宇宙观的基础上，构成东方与西方、传统与当代的交融结合。

工艺
美术系　DEPARTMENT OF
ART AND CRAFTS

吴竟诚　城邦系列（城邦·理韵、
城邦·渺痕、城邦·织绘、
城邦·隐秩、城邦·韵屿）

指导教师 – 程向军

94

作品以古希腊城邦制度为灵感来源，表达城邦制度下公民与国家间的关系，作品旨在引发人们思考现代社会中公民与社会之间的关系。在表现形式上，采用了抽象构成的手法，画面中相互穿插的几何图形描绘地中海岸边建筑与自然的风貌，这些建筑既是空间的呈现，也是城邦制度中不同层级之间紧密联系与互动的隐喻。蓝色的色调贯穿整个画面，既是对地中海沿岸独特风情的描绘，又体现了城邦制度所蕴含的理性、冷静与程序化特征。

黄哲　　金敏枝　　刘派　　王婧

于洋　　周博雅　　曾令栀

陈昶希　　李理嘉　　乔玥涵　　师佳源

王依晨　　王梓潞　　武鸿飞

相宸卓　　于港　　于天宇　　於汀

劳晓晴　　刘子睿　　吕可欣

滕芳艺　　王麒瑞

DEPARTMENT OF
INFORMATION ART & DESIGN

信息艺术
设计系

主任寄语

王之纲

信息艺术设计系同学们的毕业设计作品展现出良好的交叉学科素养。他们从不同视角切入社会现实，通过对"信息"的多元化编码与解码，展现出对未来愿景的塑造和人文思辨的表达，体现出对社会与国家应有的责任与担当。

人生的下一个阶段永远充满了未知和挑战，希望你们带上在这里的学术积累和持续创新的热情，踏上你们创造未来的征途。

《金色梦乡》是一款音乐主题的冒险游戏。核心玩法为玩家用吉他进行和弦弹奏，借鉴音乐理论中的"五度圈"。游戏的叙事部分以披头士乐队成员为原型进行角色和故事设计。

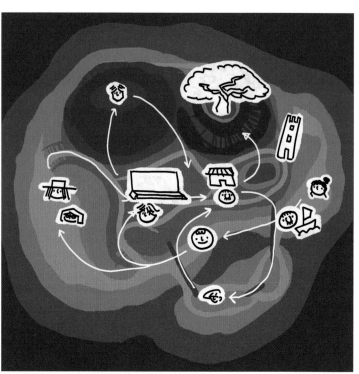

"我在中国生活的时期，在网络上出现了一些反映社会现状的新词，尤其是'润''躺平'等词汇很受年轻人欢迎，甚至国外媒体也报道了这种新词在中国流行的现象。不仅是中国年轻人，我也通过该现象能够感受到现代社会中年轻人面临的高压和疲劳。在创作熊猫形象时，比较专注的是赋予它在所有的情况下开朗活泼的性格。希望我的熊猫能够安慰朋友们。"

这是一个虚构的关于墨子发明摄影的故事。创作分两部分：第一部分是通过 AI 学习中国历史文物特征，创造的虚构文物；第二部分则是基于部分史实创作的墨子发明摄影的故事。作品的文本、图像、视频、音乐皆为 AI 生成。

03/ 长江流域湖泊藻华模拟
Simulation of algal blooms in the lakes of
the yangtze river basin

长江流域藻华现象时有发生，然而公众对生态问题的认识和关注
不足。设计面向大众的信息可视化装置，通过三个部分的体验，
引导观者以递进的方式了解藻华，感受人类活动与藻华现象发生
的联系，增加对长江生态环境的关注和理解。

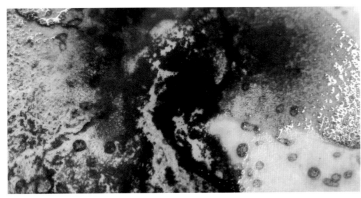

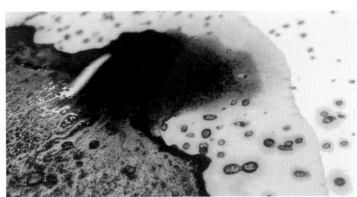

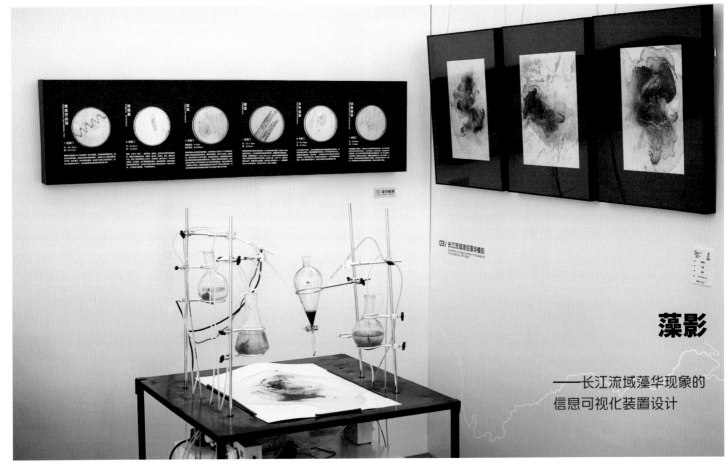

藻影

——长江流域藻华现象的
信息可视化装置设计

作品描绘了一个老人与他的屋子从 20 世纪 80 年代起相互陪伴、
最终房屋随着老人的离去慢慢消解的故事，探讨了人生事世的变
迁和人与空间相辅相成的关系。

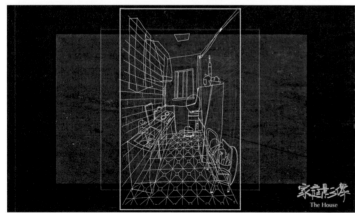

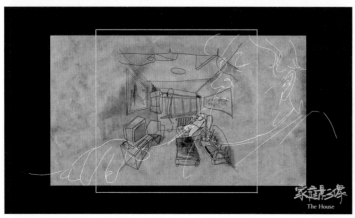

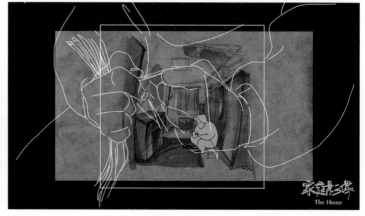

"当一个人踏入这间屋子，我目睹了他的整个生命历程，从呱呱
坠地到生命终结。他的身体仿佛是时光的过客，在这个瞬间驻足。
这个房间，作为历史的旁观者，默默记录了过客的一生。当这个
身体离去，是否意味着一个人的消失？或者，当我们存在的痕迹
渐渐消退，才是身体真正离开的时刻？"

汉服数字化展示设计融合了传统汉服文化与现代数字技术，通过
创新的展示与交互形式，让观众更深入地体验汉服的独特魅力，
促进传统文化在数字时代的传承与发展。

GazeDriving 是一款注意力驱动的驾驶游戏，游戏采用了眼动追
踪和基于视觉语义的目标检测进行注意力识别和评估。注意力的
变化情况将作为游戏的控制变量，影响着游戏得分、环境天气、
光照及游戏任务的切换。

**基于视觉语义的目标检测/
Object Detection**

采用YOLO-World模型进行目标检测，在开放词汇集中选取
了 person、bicycle、car、motorcycle、bus、train、truck、
traffic light、fire hydrant、stop sign 目标词汇，并展示出
的关键指标标记为驾驶注意力关键区域。

**注意力反馈机制/Attention
Feedback**

注意力的实时变化将参与游戏环境中的天气
和光照的变化。当注意力较低时环境和天气
将趋向于恶劣，当注意力较高时天气会转向
更晴朗。

**信息艺术
设计系** DEPARTMENT OF
INFORMATION ART & DESIGN

李理嘉　窗·春韵
　　　　窗·夏趣
　　　　窗·秋色
　　　　窗·冬意

指导教师 – 王之纲

106

装置通过结合中式窗框或画框的设计与屏幕展现宋画场景与现实世界的同步，提供了一种关于生态空间虚实结合的独特体验。为长期居住在现代城市封闭空间的居民及面临持续工作压力的用户提供一种在高压生活中寻找精神解脱和自然联系的新途径。如同宋代古人通过"卧游"山水的方式，用户也可在家中享受美妙的艺术体验，领悟宋代山水画中蕴含的古典自然哲学，并让自然之美伴随生活左右。

信息艺术
设计系

DEPARTMENT OF
INFORMATION ART & DESIGN

乔玥涵　听见

指导教师 - 米海鹏

107

作品是一个辅助听障主播向健听观众进行带货直播的虚拟人助播角色。该虚拟助播采用预录制模板的方式，让听障主播团队可以及时播放相应直播内容讲解片段，达到类似手语向口语翻译的效果。同时，虚拟主播还结合了卡通人物独特且夸张的情感表达方式，让健听人更容易参与到听障主播的直播间当中，建立情感共鸣。展览作品中，还有一部分为作者与听障主播的访谈文字片段，希望这些问题有机会让观者"听见"这个群体最真实的"声音"。

AN4
"这个链接下架了，
卖光了，没货了。"

AN5
"我们来下一个产品咯！"

AN6
"这个产品啊，绝了，大家
都给我冲，闭眼冲！"

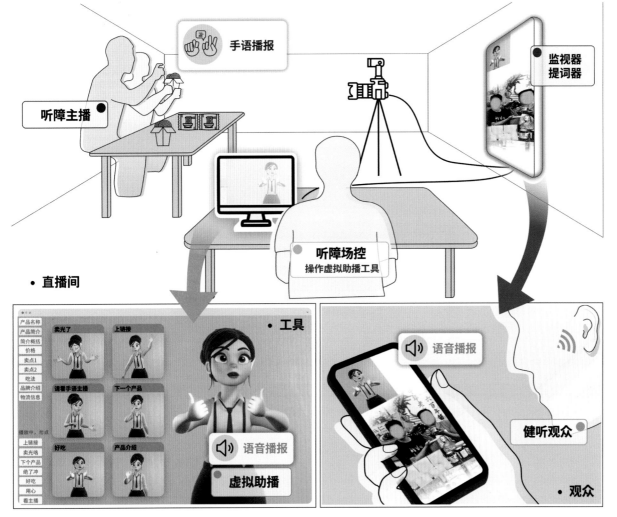

Truck Learn 是一个车载辅助学习系统。随着自动驾驶技术的成熟，司机从驾驶员转变
为监督者。AI 技术的发展和泛在学习理念的普及使人们能够随时随地获取知识。Truck
Learn 聚焦于卡车司机这一群体，结合其货运旅程与自我学习成长的意愿，帮助他们在货
运旅程中更好地进行学习或成长，同时缓解枯燥的旅程。

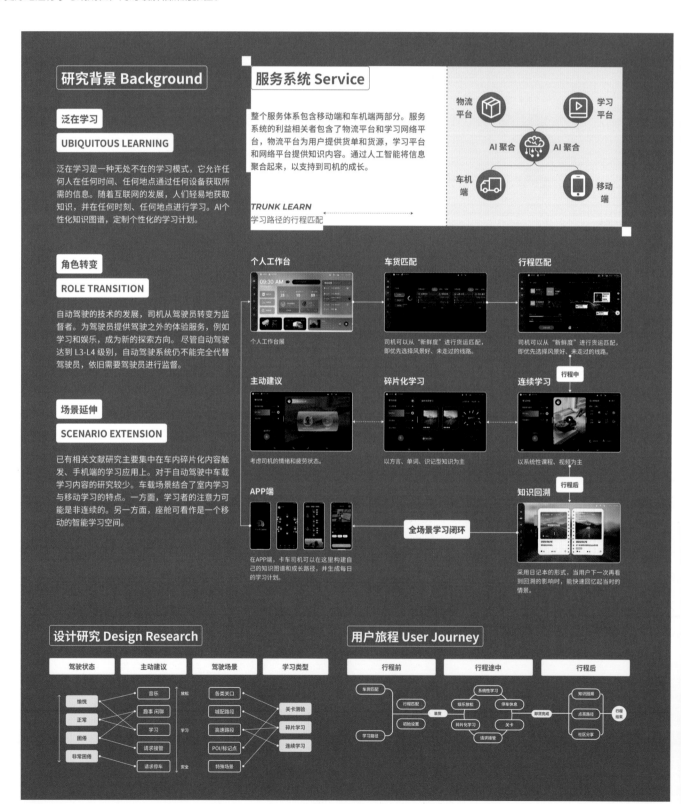

作品是一款面向 3~5 岁儿童设计的交互装置，旨在通过科技和艺术的结合，改善儿童的饮食习惯，特别是增强他们对新蔬菜的接受度。利用机器学习技术进行图像识别，精确捕捉儿童的进食行为，并通过拟人化蔬菜角色的动画，引导儿童探索和接受各种健康食物。装置包括一个 7.9 英寸的横版显示屏、配备摄像头的树莓派 4B 开发板和双扬声器系统，通过动画和声音即时反馈，激发儿童的饮食兴趣。装置中的蔬菜角色不仅有趣味性，还能让儿童了解食物的营养价值，同时提供一个互动的用餐环境，帮助儿童建立健康的饮食观念。

Front: Back:

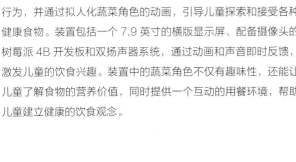

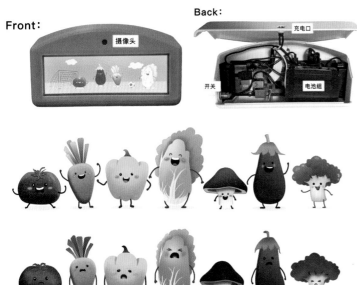

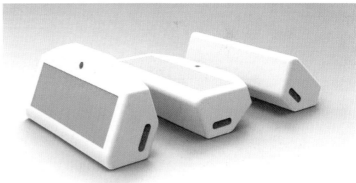

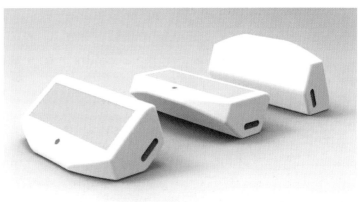

本研究基于口述访谈和参与式档案的传统手段，借助生成式 AI 辅助访谈对象还原记忆图景，通过 AR 增强现实技术将 AI 生成的记忆空间叠加在现实世界之上，使公众日常生活的更为集体记忆叙述的着墨之处，经过"活化"的"视觉空间"养成每一个到访之人"成为偷窥的观众，成为无法参与的局外人"，置身其中身临其境地聆听记忆，触碰记忆，感受集体记忆的温度与力量。

地点是昨天与今天的相遇之处
每个地点都在讲述时间和人物

关于家、关于爱、关于遗忘和漠然……

作品基于口述访谈和参与式档案的传统手段，借助生成式 AI 辅助访谈对象还原记忆图景，通过 AR 增强现实技术将 AI 生成的记忆空间叠加在现实世界之上，探索一种自下而上记忆空间的建构方式，使公共空间不仅作为公众日常生活的舞台，更作为集体记忆叙述的着墨之处。经过"活化"的"视觉空间"将使每个到访者"成为偷窥的观众，成为短暂的游客，成为无法参与的局外人"，置身其中身临其境地聆听记忆，触碰记忆，感受集体记忆的温度与力量。

基于口述访谈和参与式档案的
AI生成增强现实体验设计

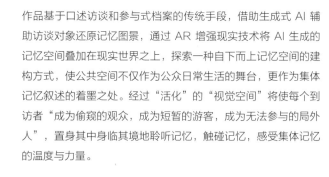

信息艺术
设计系

DEPARTMENT OF
INFORMATION ART & DESIGN

武鸿飞

技能主导类运动训练的
具身交互体验设计研究

指导教师 – 付志勇

111

SMAHSHMATE 是一款基于增强现实的羽毛球训练辅助应用，
通过在空间中实例化一个虚拟人，来指导羽毛球训练。

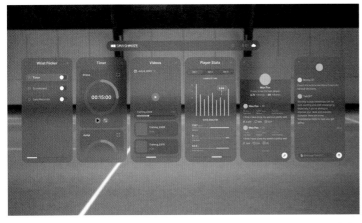

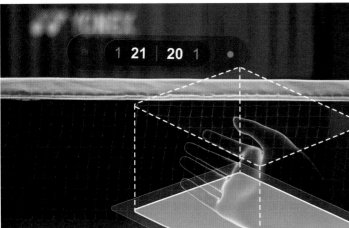

人们面对社交压力时面部常会出现微妙、难以自察的特征变化。该研究通过识别用户潜在情绪状态与面部特征，提供一种能够弥合理想与现实差异的妆容推荐方法。将复杂社交需求融入妆容推荐算法中，改善社会印象的同时，增强社交自信心。

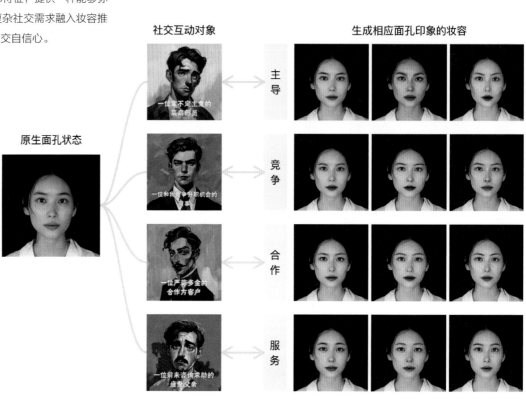

信息艺术
设计系
DEPARTMENT OF
INFORMATION ART & DESIGN
于港
气味烤箱
AromaOven
指导教师 – 师丹青
113

随着物联网技术的发展，越来越多的计算机感知系统被应用于日常生活中，提供辅助监测和智能判断。特别是在厨房烹调中，为保证食品加工的品质以及烹饪活动的安全，人们常使用温度和时间来控制烹饪电器。但是由于不同食材的含水量、解冻程度不同，相同的温度和时间下往往会发生烹饪不足或过度焦煳的情况，后者严重时有引发火灾的风险。"气味烤箱 AromaOven"利用嗅觉传感器，对食物烤制过程中挥发出的气味分子进行检测，智能判断食物熟度，直至最佳烹饪状态。同时，交互界面由高像素透明屏设计而成，能够将烹饪信息显示在玻璃门上，使用户同时看到真实食材和虚拟信息。以触控交互替代传统控制旋钮，增强沉浸感。

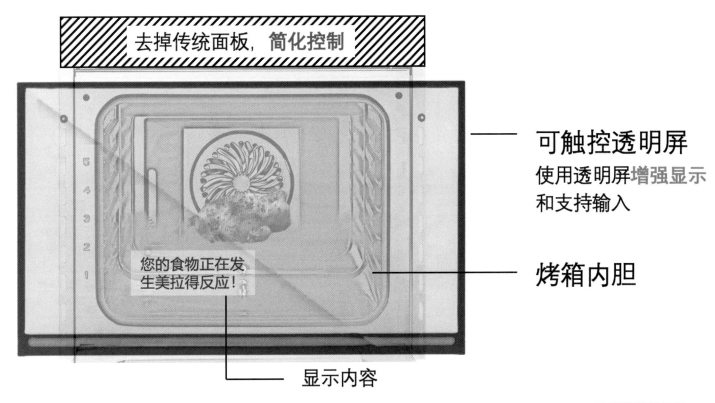

可触控透明屏
使用透明屏增强显示
和支持输入

烤箱内胆

显示内容

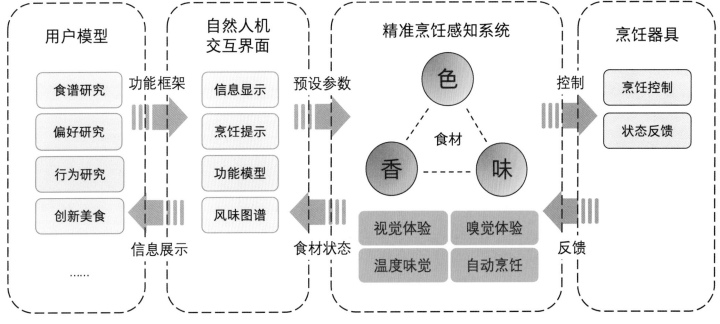

智能汽车已进入大众视野，逐步成为智能移动空间和应用终端的新一代汽车。车载人机交互界面作为人与车之间进行有效信息沟通的载体，也在不断适应智能汽车所带来的新的需求。然而，现有车载人机界面仍以视觉、听觉界面为主，存在复杂信息理解困难、占用注意力、忽视用户情绪变化等问题。作品关注人机交互领域新兴的流体触觉表面技术，探索"气动形变触觉表面""液动形变触觉表面""动态热触觉表面"三种技术的设计空间，研究其在智能汽车人机界面中设计应用的可能性，并以"触觉反馈方向盘"为例进行设计实践与评估，希望以此启发未来车内触觉界面的技术选择与设计流程。

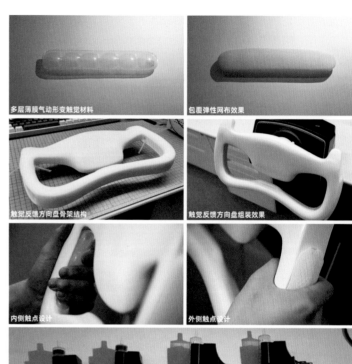

多层薄膜气动形变触觉材料　　包覆弹性网布效果

触觉反馈方向盘骨架结构　　触觉反馈方向盘组装效果

内侧触点设计　　外侧触点设计

实验驱动装置设计

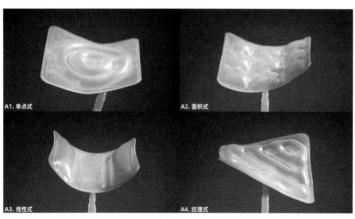

A1. 单点式　　A2. 面积式

A3. 线性式　　A4. 纹理式

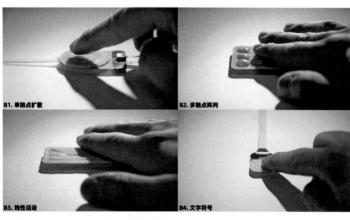

B1. 单触点扩散　　B2. 多触点阵列

B3. 线性运动　　B4. 文字符号

动态信息呈现
欢迎动画、日期、时间等

概念设计3：车载形变显示界面

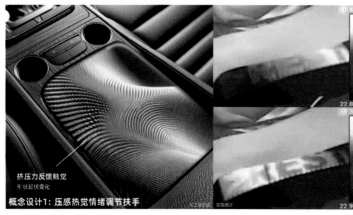

挤压力反馈触觉
开状起伏变化

概念设计1：压感热觉情绪调节扶手

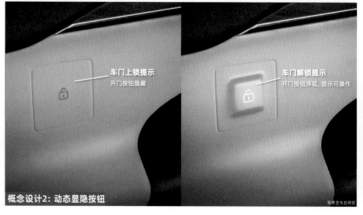

车门上锁提示
开门按钮隐藏

车门解锁提示
开门按钮浮现，提示可操作

概念设计2：动态显隐按钮

作品展示了基于元胞自动机进行数字生成艺术作品创作的系列作品，在二维空间中由元胞自动机算法模拟展示了自然界的万千景象，以多样的生成逻辑与变化规则打造出了缤纷多彩的视觉效果。

动画短片《蓝》是运用蓝晒印相法结合材料进行创作尝试的实验动画。短片期待借助阳光搜集影子储存在画纸上，以"风""旋转""雨""生命""时光"为线索，表达一种自然与生命相关联的感受。

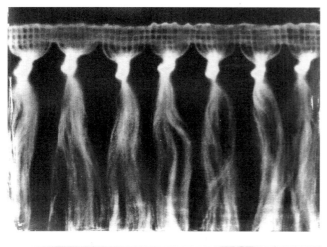

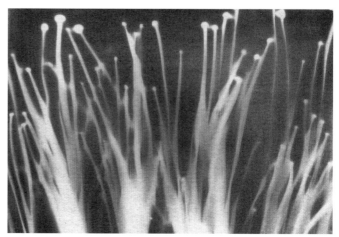

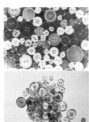

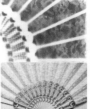

喜马拉雅，它不仅拥有世界上海拔最高的雪峰群、世界上最深的高山峡谷群、非常珍贵的高原生物物种，特殊环境也孕育了特殊的精神文明。世界上最高的 14 座 8000 米级独立山峰中的 10 座位列于此，雪峰孕育了冰川，冰川融水汇成河流，养育了村庄和百姓，造就了文明的家园。"我将自身与喜马拉雅的天地融为一体，到罕有人至的地带探索和拍摄，并深入那些与雪峰日夜守望的百姓生活中，用镜头记录下高山之巅原始村落点点滴滴的生活瞬间。我关注喜马拉雅的自然力量，以及世代生存在这里的人们所创造出来的精神文化，体会着切近生命存在本源的感动。我的作品里几乎都有 8000 米级的雪峰出现，如珠穆朗玛峰、卓奥友峰、希夏邦马峰……但它们都不是与人相对地立在人的面前，而是处于一种关系中，既不是人们认识的对象，也不是人们攀登的对象，而是人们生活的家园。这是 8000 米雪峰下的生活世界，是人类栖居的精神家园。"

作品中，艺术家邀请她的母亲参与一场游戏，她以自己的步调从叠叠乐中逐一移除木块，直至游戏无法继续。为了营造一个流畅的体验，作者巧妙地融合了摄影、影像和声音元素。希望通过这样的艺术形式，让观众领悟到，当人们投身于一个无目的的游戏时，他们的行为往往是本能的驱动。　作品中，作者将面部特写与手部动作的动态捕捉分离展示，两者之间保持一定的距离，创造出一种既对比又模糊的互动关系。通过设置两个屏幕和两个装置，创造了一个需要观众同时关注的环境，这种布局旨在淡化对单一视觉解释的依赖，引导观众去探索更深层次的意义。这一设置旨在激发观众对生活状态的反思，引发对个体行为与社会关系相互作用的深入思考。作者认为，许多人可能每天都在无意识中承受着煎熬，就像担心精心搭建的木块会崩塌，担心基础不够稳固，担心木块落下时会伤到自己。这种担忧持续了三年，而作者也花了三年的时间才领悟到一个道理："你无法永远扶正木块。"

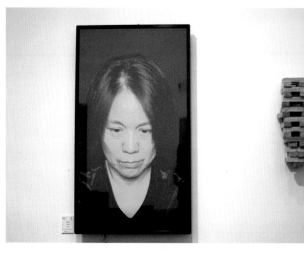

《She is Mira》是一部音乐动画短片，以歌曲《三生万物》为灵感来源和创作背景，讲述一对双生子 Mira 和 She 之间的自我寻找与相互救赎的故事。影片通过多次空间转换表达主角心境的转变与成长，基于两人外在二元单一关系的展现，反映音乐内在的"禅意"空问空间表达，希望传达给观者一种超越二元论关系的，更为绵长、广大的和平包容力量。影片采用凝胶版画印制与二维手绘动画相结合的方式进行制作，探索多元跨媒介的动画艺术创作手法和表现方式。

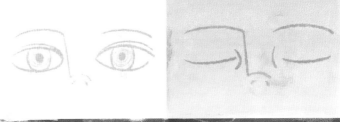

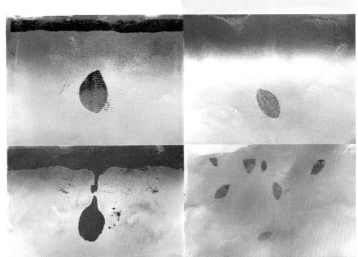

通过场景代入、自然交互和情感交互三种设计方法，作品对行星符号进行诗性的设计转化，创造出体现公众想象的情感交互体验。观众可以通过互动性极强的媒介，感受到太空的宏大及其与人类情感的微妙交织，从而在日常生活之外，开拓对太空和自我的新理解。

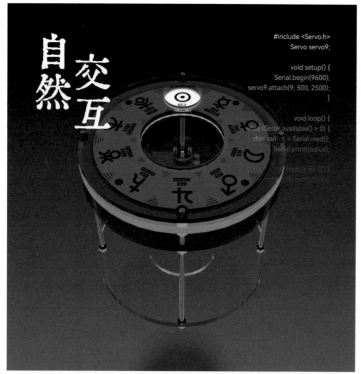

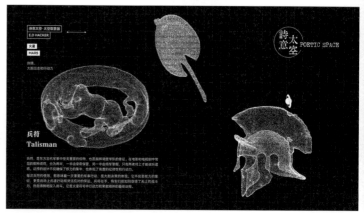

兵符
Talisman

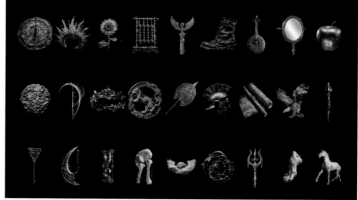

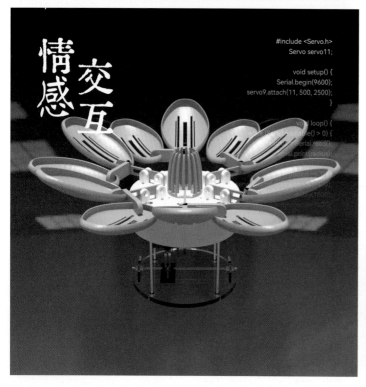

日晷 Sundial
隋书·天文志

观测日影计时的仪器，主要是根据日影的位置，以指定当时的时辰或刻数，是我国古代较为普遍使用的计时仪器。但在史籍中却少有记载，现在史料中最早的记载是"汉书·律历志·制汉历"一节：太史令司马迁建议共议"乃定东西，主晷仪，下刻漏"。

蔡蕙宇　　　　车昱娇　　　　刁雪　　　　郭锐

金利县　　　　金善喜　　　　李靖超

汪雨　　　　王一堂　　　　郑骁颖　　　　周润杰

暴思琴　　　　李款冬　　　　孙剑瑞

薛锦岚　　　　黄文璇　　　　李乔　　　　刘芷妍

罗青松　　　　宋佳阳　　　　王涵

堰雪莹

DEPARTMENT OF
PAINTING

绘画系

主任寄语

熬过了无数个不眠之夜，几经反复实践推敲，不断地打磨完善，种种的尝试所带来的无奈与惊喜仿佛还在昨日，转眼间就来到了毕业展这个重要的时间节点。同学们精心准备的艺术作品就要展陈于美术馆之中，呈现在大众面前。有太多的期待，期待着观者能在作品前驻足停留，产生共鸣；期待着作品能够打动观者，走进他们的内心深处，留下深深的印记。或许还有一丝的不安，自己的作品能被观者接受吗？会产生怎样的反响？一切都是未知的，这种不可名状的未知或许正是艺术的魅力所在。

关上一扇窗，开启一道门。同学们即将结束在清华园的学习时光，奔赴西东。轻轻地关上清华园这扇窗，让清华美院绘画系学习生活三载甚至更长时间的欢喜与惆怅、迷茫与自信，安静地留在记忆的深处，随时可以去回味。推开一道门，直面社会与人生，带着对艺术的执着与思考，开启一段更为漫长、丰富精彩的艺术人生之路。

祝同学们在未来艺术人生道路上继续葆有对艺术的执着、质疑、探索的精神，通过不间断的艺术创作收获属于自己的艺术成果！

故君子尊德性而道问学，致广大而尽精微，极高明而道中庸。

与君共勉！

《镜·境》是金属与土石、工业科技与原生自然的相互照鉴。该系列作品以女性的视角，阐释中国传统文化中颜色介质的情愫意境，与现代虚拟数字构建的图像视界形成对映画面，借助镜子映像和幻像的特征与观者移动观看时出现的空间错位，形成真实物像所产生虚拟的"呈现—叠加—融合—分离—再呈现"的运行过程。

静夜沉沉，浮光霭霭，冷浸溶溶月。

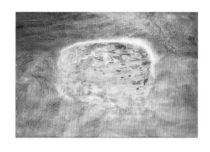

"被规矩、标准与重复笼罩的时候，亦是我私密细碎的幻想与欲望运动起来的时候。发生过的矛盾与纠结，成为我能够为自己留下来的时刻。"

作品综合宇宙观，探讨梦之爱欲、死亡、永恒与时空。潜意识受拉斐尔影响，时空幻化成不同的时空。如人生命运的选择在肖邦的《夜曲》中追寻着……"一场梦"的无数个时空，然后因你的降临，会有无数种新的可能……

  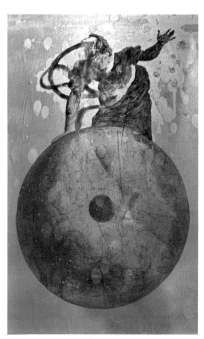

英文中的 tied，意思是"绑"，这是为了直接表达捆绑作用的包袱布结。选择"绑"而不是"结"本身的原因是：作者希望它表现的是一个稳定的形式，不会松开，这种反复缠绕和拉紧布料的行为，既巩固了心灵和意志，又涉及深思熟虑的思考。在制作"结"的过程中，将坚固而紧密的皱纹线条和"结"部的弯曲与形状切割并雕刻在木板上，然后将最引人注目的"结"部分藏在内部，而其余的皱纹部分则保持在前方。颜色的表现也仅使用白色，回避过于花哨或显眼的表现，同时与白的含义联系在一起，与"白衣精神"相结合。

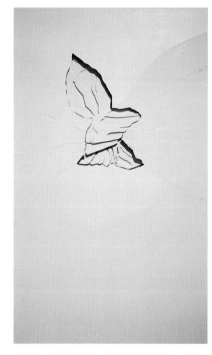

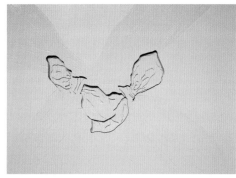
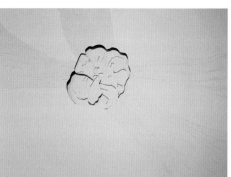

作品中的主人公是一个外表坚硬但内心空虚的"塑料娃娃"，用来表现现代人所经历的社会关系的不安和冷漠。这种内心的不安有时会异常地显露给他人，或者给自己带来伤害。这在竞争激烈的社会中，常常成为现代人的本质问题。作品华丽的背景和装饰与社会的快速发展和繁荣形成对比，揭示了内心的渴望和不安在这种环境下依然得不到满足的现实。

人面临的苦难形式多样，有生活中的困苦，有情感上的挣扎，也有自然灾害等不可抗力带来的磨难。然而，无论遭遇何种困境，不屈的精神让人未曾放弃过希望，始终保持着积极向上的态度，积极地寻找解决问题的办法，不断地挑战自我、超越自我。作品借用贵州傩堂戏凶神面具的图像，让人物散发原始的气质，描绘了人类在遭遇苦难时的不屈不挠与积极向上的精神风貌，展现了人在逆境中如何坚守信念、勇往直前，即使在最黑暗的时刻，也能找到一丝光明，为前进指明方向。

《石头记》：如果这个世界，人类突然消失，那将成为什么样子？一切被人所使用的物品，脱离了人，又有什么意义？玉和石究竟有什么区别，每块石头都是自然产生的，是大山的一角。有的石头受到了磨难，长出了颜色，变得细腻和晶莹，有的石头仍然是它原本的样子，风和水不断包裹着它埋入地底，有一天或化为飞灰，或化为尘埃，它们终究都是一样的。器物的意义是人赋予的，但是，石、山、树，他们自身也有生命，如果这个世界上没有人，千亿年后，石头与石头之间是不是也会说话。石有石的生命，草有草的意义，物质自身就能发出它的味道、颜色和声音。 此处所放石头为北京门头沟已拆除的，自元代开始烧窑的琉璃渠村一琉璃厂碎片。

《怒竹》：画完《静竹》之后，浑身不自在，不自在的感觉来源于画的时候太磨蹭、太扣、太紧，好像夹着肩膀、秉着呼吸完了整张画，情绪上头后开始不计后果地挥舞、泼洒、发泄。发泄一通后觉得效果还不错，就将其做成了《静竹》之二——《怒竹》。背面选取了跟正面色调相搭配并提亮一个明度的翡翠绿和明黄色，勾以暖红收口，中间画面走了一些轻松的线条。侧边以大漆松石绿收边。

作品表现的是时光流逝中的城市映像，在不断变化的都市中，人
们停留静默的某个瞬间。暖色调、柔光、年轻人是画面的主体，
是城市间隙中的一丝温情。

系列作品捕捉一种现代生存处境下延伸出的百无聊赖，通过画面映射现代人的生存现状与内心世界，绘画素材来源于生活或电影图像。车作为交通工具是生活方式的符号，也代表着日复一日现代性的游离方式。电影图像或流行文化符号的再现试图传递一种压抑的悲观情绪。

《云歇处》：为了不让一天溜走，人们往往睡得很晚，毕竟白天的时间并不属于个人，每每抬起头看见的也不是太阳。

在太阳身边工作了一整天的云要不要休息呢？它的居所又在哪儿？

《草影碑》：碑是具有纪念性质的，或用作记录，或用于分界。这株在路边的剑麻就这样成了分割生产和生活的界碑，

一边是通往宿舍的新民路，一边是通往学院的光华路。

《人造光》：许多动物都有趋光性，自从使用火开始，人类似乎掌握了这一项自然伟力，并利用其捕鱼或是灭虫。

乡野的天空满是星星，城市的"星星"却悬在头顶，就像一盏盏漂浮在水面上的诱鱼灯。

作品采用绢本设色，轻柔的色调，将观者引入一个宁静而温馨的世界。画面的真实感来源于对自然的写生和细致观察，通过写生使得画面更加生动。同时将传统绘画的精髓与现代审美观念相融合。画中的花篮，其形象源自一件古老的花篮香囊文物，它承载着历史的厚重。整幅画作，就像是一首无声的诗，一场有形的梦。

《此心已远》：　几伫小园秋，一叶动池弦。我心追雀羽，已掠三山远。

《籁籁 Susurrate》：作品来自一次对于古代仕女图像的偶然拼合。在查阅资料的过程中，作者发现这三个古代美人图中的形象非常相似，可能是中国美人画中的经典样式。在拼合后，作者发现她们好像在讨论着什么，而"猫"可以代表她们讨论的任何事物。

《新洛神赋》：《洛神赋》是三国时期曹植的名篇，记录了曹植在梦中与洛神相恋又分离的场景。文章里形容洛神衣袂飘飘，犹如芙蓉，在水中央舞蹈。

"这是一篇以作者视角为叙事线索的文章，因此我想，洛神会不会也在水边默默地舞蹈，思念曹植呢？"

《隐匿的回响》《捉迷藏》以日常生活中的怀旧场景为主，"组画中出现最多的物件即昏暗场景中岿然不动的充满年代感的柜子、玩具，学画时总是形不准的手，还有那些被我随意丢弃的娃娃和妈妈永远织不完的毛衣，这些总是一起出现在我的梦中，这些梦、现实与想象的碎片构成了令我着迷的一些疯魔时刻，并且这些来自旧时光的温馨神秘片刻还会在以后的人生中不断叩击出回响。"

《时间海》借由时间的齿轮前两位女孩子的形象表达作者对于时间长河中个人成长的感动和追问。

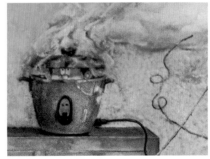

《林卧观无始》这一作品的诗句出自唐代陈子昂的《感遇诗三十八首·其七》，通过对称的构图以及条幅的手法表现归隐山林、卧看宇宙妙道的意象。

《夜阑风静》作品借用了苏轼的词《临江仙·夜归临皋》，通过诗人饮酒后的思想活动表现出旷达又超脱的切身感受。

《浮生相逢》作品中，借用了两句诗歌："花开花落终有时，缘起缘灭无穷尽。""惯看花谢花又开，却怕缘起缘又灭。"

《余晖》作品的画面中，采用了博尔赫斯的《余晖》《蒙得维的亚》等很多诗歌的意象，如"日落""地平线""斜阳""年轻的夜晚"等元素，在作品中尽量通过造型和色彩表达一种和谐感和永恒的气息，在绢本层叠晕染的视觉律动中捕捉情绪变化，画作中尽可能地表达对生命的理解和体悟，探究人与人之间复杂且微妙的关系。

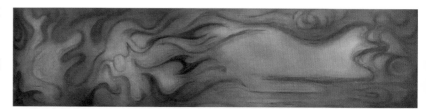

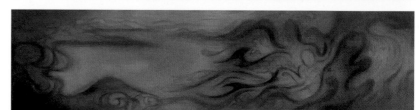

"熔融"系列作品与微小的事物有关，作品分为四组，分别是关于曲线、一颗石头、一寸土地、一颗脆皮星化石。这些微小的物在温度退却或生命停滞时成为永恒。

微小与宏大、昂贵与廉价，有生命与无生命，这些固有的认知如何才能被松动？作者用玻璃、宣纸、蜂蜡等脆弱的材料进行创作，小心翼翼地处理这些材料，感受不同的温度和物给予人的细腻情感。

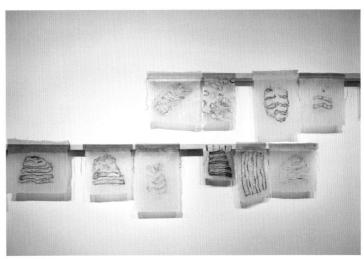

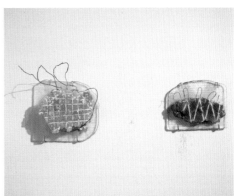

元宇宙未来的建设将由 AIGC 基础作为支撑，并迭代掉现有的以 3D 游戏建模动画流程为主的基建技术，在这个前提下，未来人们想在数字世界中换什么样的形象（包括环境）就是转瞬之间的事，我们可以轻易以此在其中重构自我的形象，但无限增殖的形象却并不会给我们带来身份认同上的多样性与可能性，且必然带来一种身份上的茫然感。真正的自我认同往往是一个持续的内在过程，需要个体通过深入的自我探索和内省来实现。在数字时代，自我身份与形象需要更加关注个体对于真实自我的认知和尊重。

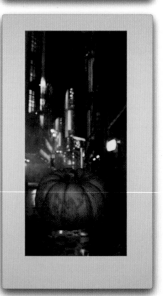

不弃微末，久久为功。

《淇水游记》：篆书，这件作品内容为自作散文，记述了作者数年前游览淇水时的见闻与所感。作品以李阳冰篆书为取法，强调单字的构形和整体章法的和谐统一，尽力将游览山川风物的闲情逸致与宁静纯美的篆书书风相协调。

《阴符经节选》：隶书，该作品以汉代简牍为取法对象，强调笔画的质感，极力压缩字内空间，使单字具有较强的张力。文本内容为《阴符经》，汉简中也有大量古籍抄本，该作品以汉简笔意来书写古典文籍，使文本与书写取得相得益彰的效果。

《浮生六记节选》：草书，作品内容摘自沈复《浮生六记》中的养生记道篇，记述了养生要法，对调节身心，修养性灵多有启示，该作品以王羲之草书为取法对象，强调草书连绵起伏的书写节奏，尽力使养生之道与书法之道达到精神层面的贯通融汇。

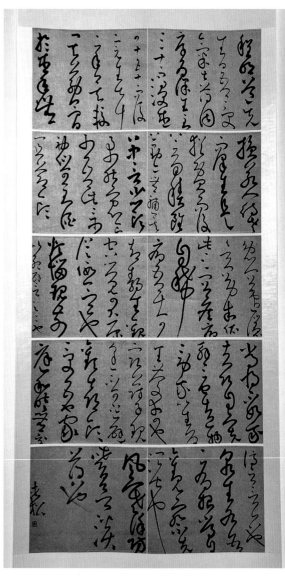

楷书作品内容为文徵明题跋与作者的硕士毕业论文内容相契合，取法于《雁塔圣教序》。

篆书曾国藩对联，对联释文："五千里秦树蜀山我原过客，一万顷荷花秋水中有诗人。"取法自吴昌硕。

篆书：选取内容为张载《横渠四句》，以大篆风格呈现。释文：为天地立心，为生民立命，为往圣继绝学，为万世开太平。

《行书对联》内容为伊秉绶文联，以何邵基行书风格呈现。释文：万卷藏书宜子弟，十年种树长风烟。

《木瓜》隶书创作：材质工艺：皮纸，作品尺寸：高 205 厘米 × 宽 70 厘米。选自《诗经》中《国风·卫风·木瓜》，文中"你赠我果子，我回赠美玉"，体现了对他人情意的珍视（"臣子思报忠于君主""爱人定情坚于金玉""友人馈赠礼轻情重"等）。希望我们都能坚持最本真的状态，彼此情分永以为好，长存世间。

《惊鸿照影》自作诗：材质工艺：皮纸，作品尺寸：高 25 厘米 × 长 80 厘米 一幅；高 26 厘米 × 长 23 厘米 五幅，一套六组。作品内容为日常习作自作诗，约 6~8 篇，旨在将情感抒于纸面，作品名称取自"伤心桥下春波绿，曾是惊鸿照影来"，映射陆游与妻子的凄美爱情故事。

《姓氏小印》系列：材质工艺：石头，作品尺寸：原石：长 1 厘米 ~1.5 厘米 × 宽 1 厘米 ~1.5 厘米；纸张尺寸：高 30 厘米 × 长 20 厘米，一套 12 组。作品灵感取自毕业论文选题中的"景"氏以及本人生僻姓"堰"，做一系列有关姓氏的小印（1~1.5 厘米），内容主要从生僻姓氏或现存复姓中选取。

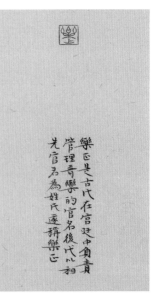

刘钧朋　　　　　　孟繁宇　　　　　　石宇希　　　　　　帅云海

苏昭其　　　　　　王冬　　　　　　王健权

张嘉伟　　　　　　张靖婉　　　　　　沈添洋

DEPARTMENT OF
SCULPTURE

雕塑系

主任寄语

雕塑，作为艺术中的"重工业"，是饱含智慧与汗水，满载着观念和能量的艺术形式。它不仅能观、能触，更能让我们沉浸于它的场域中，用所有的感官去体验。雕塑系 2024 届硕士毕业生们正是用这样的艺术语言，向我们述说成长的快乐和烦恼，展现他们对未来的理想和期望。让我们一同走进他们的艺术世界，去感受他们的才情，见证他们的努力，在他们的艺术道路上送出最真挚的祝福！

作品主要以黑色为主，局部的木头碳化处理提供了对比和触感体
验。这个作品是作者对形式、质感、色彩和时间的理解，希望能
启发观者去感受存在的多元可能，去探索未知的奥秘。

归
梦
此去高地 53 公里
1+1=1
来自布仁白音的流风

"我是额尔古纳的跛马，欲成为蓝色天空中的半导体；

我是正方形的创始人，如何画出正方形的圆；

我是入世的尘埃，梦中成为巨人国中的矮人；

我是漂流的云朵，盼想成为你怀中柔软温暖的大理石。

一如我已成为乌托邦的人质，请挖去我的双眼。"

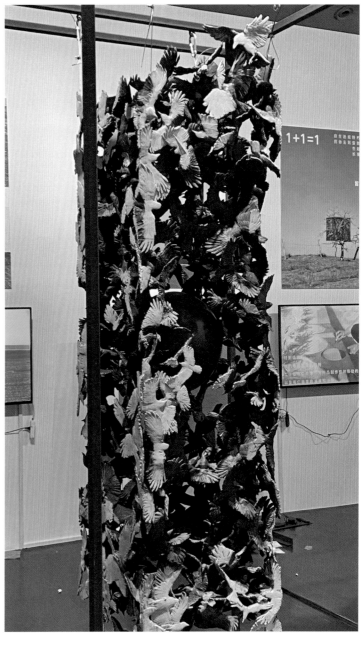

作品表达了作者对万物初生状态的向往，年轻而富有生命力。作品旨在温暖和治愈每一个忙碌于人生旅途的心灵。

虚幻与现实，过去与未来，物质与精神，速度与激情之间的碰撞；
以机械美学为核心，探索机械在当代雕塑中的多样化表现与内涵。

作品塑造的是同一地域的镇上青年，选择的形象都来源于作者身边，他们是既熟悉又陌生的发小和好友。随着时间的推移，塑造了他们每一个人不同的生活状态，既存在着中庸也存在着独特的个性。作品的色彩与主题也进行了呼应，灰色系的暖调中含着几笔传统的红、黄、蓝作为点缀，也是象征着他们渴望在平凡的生活中走出自己的道路。

承接作品的铁架子寓意着他们的坐标和方向，与人物外形的线条进行对照，他们每个人的生活去向都存在着未知性。

作品中人物原型都来自于个人现实生活，但作品实则描绘的也是当下正在发生的社会现象，用雕塑艺术的方式将其定格下来。

一个有关形的研究，用藤条在有形的实体上编织，之后从洞中钻
入实体，打碎实体。

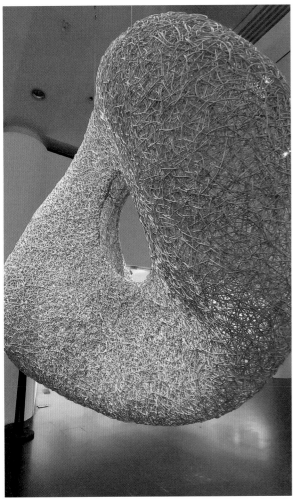

作品表现戏曲中的角色形象，借用戏曲中的元素进行创作。作品中面部刻画比较细致，突出节奏感。作品采用木材与铅皮结合的方式进行创作展示，这样能够体现自然材料与工业材料的反差，同时也能增强作品的表现力。颜色表现鲜亮但不失稳重，能够和戏曲本身的形象更加贴合。

作品为一棵倒塌大树的幻象，这些碎片通过金属外固定支架联结，构建成为相对稳定的系统，借此思考存在与虚幻、构建与消亡之间的关系。

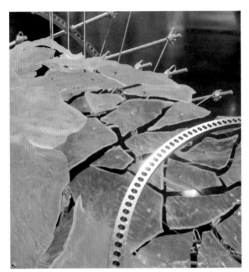
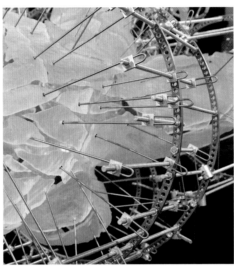

八方目光聚焦何处，遥望之中，言语难喻的情绪纵容传递。

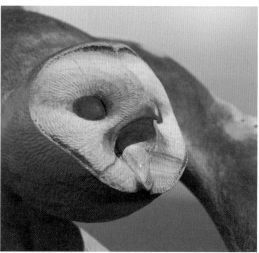

"燃烧博物馆"是一个观念。经典作品在博物馆中组成了人类文明符号的载体。当我们认同经典艺术作品在历史发展中的推动意义，当如今的艺术品被人们炒作，排位第一名、第二名，当无数普通人注定见不到经典艺术品本身，当艺术品本身即将可以通过技术手段高清地普及到 60 亿人的视觉，当我们飞离地球宁可带一粒辣椒种子和一颗鸡蛋也不带蒙娜丽莎，那么艺术品实体将不重要。我们可以带走艺术品的数据，我们也自信曾拥有蒙娜丽莎。

陈凤仪

纪潇越

李安吉

刘安安

肖娜

叶丽萍

DEPARTMENT OF
ART HISTORY

艺术
史论系

主任寄语

艺术管理专业硕士项目，是艺术史论系在建设艺术学一级学科过程中，为应对新时代社会需求设立的实践类专业方向，为艺术行业、产业培养和输送拔尖创新人才。

今年毕业的 6 位同学，在入学前均有一定的行业经验，在清华大学跨学科育人环境中，在联合导师组指导下，有了脱胎换骨的成长与变化。

在项目实践过程中，有的同学致力于提升策展、拍卖技艺，有的同学关注艺术机构运营模式创新，有的同学积极探索民宿、盲盒、美育、短视频、数字艺术、设计管理、传统文化资源转化利用等时代前沿课题，均取得了不错的成绩。

期待同学们在未来的工作中，学有所用，各展所长，为推动中国艺术产业进步不懈努力！

产品基于一个实际的设计需求展开实践，主要解决三个设计问题。一是通过梳理楚艺术中五种形象的知识和图像，分析其适合创新转化的文化内涵和造型热点；二是基于视觉传达设计理论和方法，生成一组兼具学生品德和楚艺术特色且具有识别度的潮玩形象；三是运用产品设计和生产管理方法，将上述视觉形象转化为实体潮玩盲盒产品，涵盖产品规划、结构设计、工艺制造、包装设计及产品营销等环节，使其具备商业价值并能有效推广。

艺术
史论系

DEPARTMENT OF
ART HISTORY

纪潇越

南宋四艺电子游戏应用
转化——以"江南百景
图"为例

指导教师 – 陈彦姝

161

作品以古风模拟经营类游戏"江南百景图"为设计背景，借助日常运营活动，从生产、使用和欣赏的角度，将以"南宋四艺"（烧香、点茶、挂画、插花）为代表的古代物质文化活动融入电子游戏，使玩家在游戏中体验传统文化。

快来在空白画轴上进行创作吧

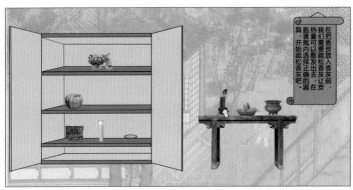

在把香炭放入香灰前，我们需要疏松香灰让炭热量可以散发出去，匙着瓶内选择正确的器具，开始疏松香灰吧·

画廊

南宋马远《踏歌图轴》
村民们辛苦耕耘一年，终于迎来了丰收，于是全村的男女老幼，踏着节拍，边歌边舞，欢庆收获并感谢大自然的恩赐。现藏于北京故宫博物院。

❤ 点赞5210
◤ 发弹幕

下一页 1\10

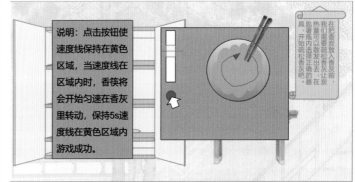

说明：点击按钮使速度线保持在黄色区域，当速度线在区域内时，香筷将会开始匀速在香灰里转动，保持5s速度线在黄色区域内游戏成功。

在把香炭放入香灰前，我们需要疏松香灰让炭热量可以散发出去，匙着瓶内选择正确的器具，开始疏松香灰吧·

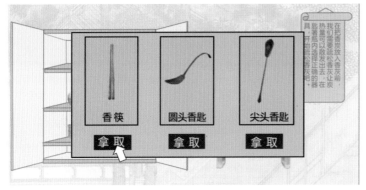

香筷   圆头香匙   尖头香匙

拿取   拿取   拿取

捣香料

艺术
史论系　DEPARTMENT OF
ART HISTORY

李安吉　凝视——李睦动物绘画
作品展策划方案

指导教师 – 章锐

162

作品以"凝视"为展览主题，以李睦的动物绘画作品为载体，深刻呈现艺术家笔下动物的灵动瞬间，在与动物的对视过程中感受生命顿悟的力量，从而思考人类与动物、自然之间深刻的关系。

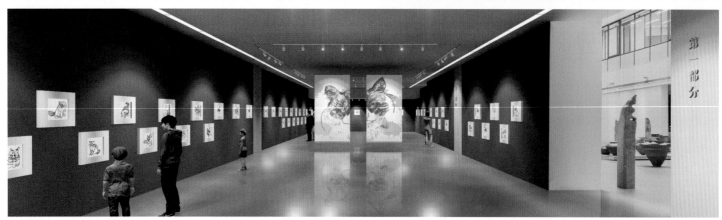

作品"夏乡·归园：2024中国青年艺术家邀请展""艺术体验
活动开发"旨在探究民宿和艺术结合的新兴业态。

艺术
史论系

DEPARTMENT OF
ART HISTORY

肖娜

从日常出发的产品设计
展览策划——以 "无名
椅的秘密" 为例

指导教师 – 王小茉

164

该展览以 Monobloc 椅为核心，探索其设计历史、公共使用及文化象征。展览分三部分：本体拆解、与大众的关系，以及未来发展，通过模型、照片和视频等多媒体形式，展现日用品的设计价值，激发对日常设计的深层思考。

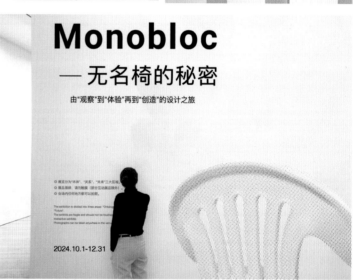

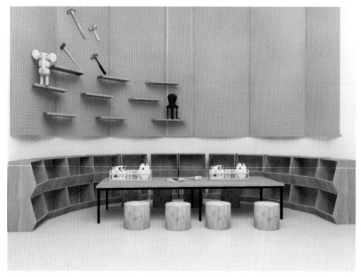

艺术
史论系　DEPARTMENT OF
ART HISTORY

叶丽萍　短视频自媒体的美育实践
方法——以"叶子看艺术"
项目为例

指导教师 – 李睦

165

作品以"叶子看艺术"项目为例，探讨研究短视频自媒体在美育
领域的潜在机制和影响因素，并通过对项目的具体实践过程和结
果的分析，总结出关于短视频自媒体美育实践的具体方法和路径。

论文研究思路

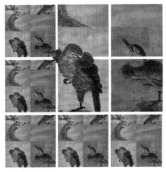

📍中国美术馆

叶子看艺术　♥ 27

一分钟看懂宋徽宗的《瑞鹤图》

快去中国美术馆！八大山人和
石涛真迹大展

叶子看艺术　♥ 576

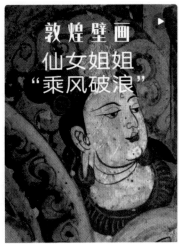

叶子看艺术　♥ 60

这画线条绝了！一分钟看懂李
公麟的《五马图》

叶子看艺术　♥ 176

如果敦煌壁画里的仙女姐姐也
来"乘风破浪"😎

看完这本画册，秒懂为什么他
那么有激情！

叶子看艺术　♥ 40

开箱视频｜《最美中国画》太
美～闭眼入就对了！

叶子看艺术　♥ 78

国博超震撼展览，看了5小时
也看不够！

叶子看艺术　♥ 72

审美积累｜画家笔下元气又春
天的色彩

叶子看艺术　♥ 37

柴雅迪　　　　陈冰冰　　　　高艺嘉　　　　黄蕾

纪浩然　　　　焦万程　　　　李佳颖

李润霖　　　　梁骞予　　　　刘晓丹　　　　栾依琳

吕师瑶　　　　潘丹滢　　　　彭程扬

沈宇鸿　　　　谭美伦　　　　唐誉瑛　　　　王嘉睿

向琦　　　　严冬钰　　　　杨博琳

易佳琪　　　　余钊岑　　　　张昊天　　　　张曲悦

张瑞恒　　　　张素珍　　　　张一凡

科普创意与
设计艺术硕士项目

寄语

在人生最美好的年华你们相遇在美丽的清华园，用共同的努力一起播种梦想，用欢乐、友情、勤奋和收获编织成美好的青春记忆。

为了这一刻，你所付出的辛苦，在那些熬夜学习、错过的享乐时光和睡眠不足之后，毕业是对你最好的奖励！花点时间细细品味这份奖励，回忆那些值得回忆的时刻，更不要忘记感谢那些帮助你实现这一目标的人！

作品以药食同源为内容核心，以与外卖平台结合的美食烹饪应用
为科普传达方式，从饮食的角度切入进行设计实践。通过重新定
义的方式，使药食同源食物以趣味化的形象、互动性的方式更易
被青年群体接受。

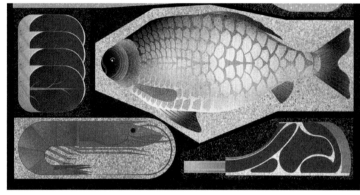

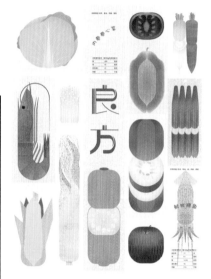

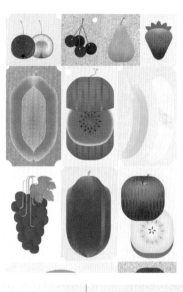

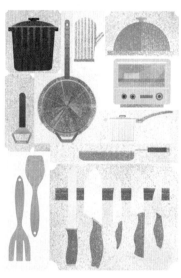

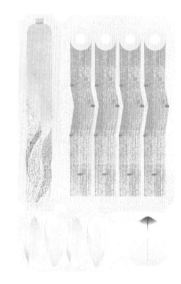

AI 技术的发展为创新科普工作提供了新的可能性。本研究提出了一种结合多角色人工智能（Multi-Agent）技术与跨学科方法的科普设计策略，旨在提升公众的科学素养并激发其对科学的兴趣和好奇心。在设计实践方面，该策略构建了一个由程序驱动的虚拟工坊。工坊中有不同的 AI 角色导师，每个导师承担不同的任务。各 AI 导师相互配合，基于用户的兴趣引导其探索相关学科知识。在此基础上，AI 导师们还会协助用户发现不同学科间的潜在交叉点，并基于这些交叉点带领用户完成一个跨学科的设计方案或作品。从而促进了用户对科学的理解，激发了用户的创造力和跨学科思维。

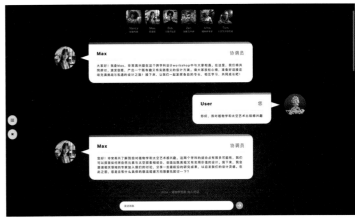

科普创意与
设计艺术
硕士项目

MASTER OF FINE ARTS IN
CREATIVE AND DESIGN FOR
SCIENCE POPULARIZATION

高艺嘉

《梦溪笔谈》数字化
科普设计

指导教师 – 陈楠

170

《梦溪笔谈》是由我国北宋科学家、政治家沈括所编著的一部古典科技著作，其内容集合了自然科技、人文知识于一体，被誉为中国古代"百科全书"。由于其文体——笔记体的特征是内容自由广博，表达个人随笔观点与见闻，与我们当今社会所流行的自媒体内容创作形式非常类似，本次设计实践旨在尝试将沈括与他的著作架构于虚拟数字空间中，按照当下主流自媒体平台内容的创作形式与特点为沈括打造"古代科技科普类知识博主"的虚拟 IP 形象，并以沈括晚年所居住的梦溪园作为背景，创造一个具有多样化交互体验的线上数字科普空间。

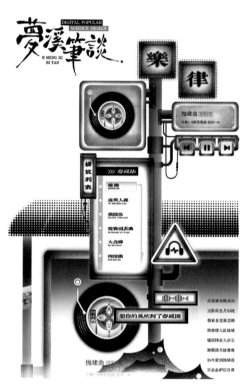

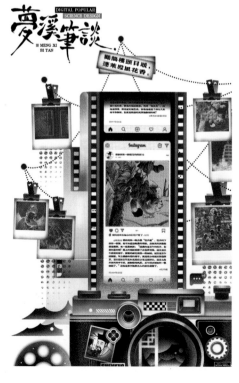

科普创意与
设计艺术
硕士项目

MASTER OF FINE ARTS IN
CREATIVE AND DESIGN FOR
SCIENCE POPULARIZATION

黄蕾

髹漆与共——中国古代传
统漆器工艺技术科普展示
设计研究

指导教师 – 吴诗中

171

中国古代数千年的传统漆器工艺承载了深厚的文化历史底蕴，具有巨大的发展潜力。然而，随着全球经济一体化的加速推进，中国古代传统漆器工艺正面临着西方文化和现代工业文明的强烈冲击，逐渐与人们的日常生活疏离，陷入日渐衰落的困境。

为了克服深入体验中国传统髹漆工艺带来的生漆过敏难题，该设计创新点是一款数字髹漆体验装置，此装置无需观众直接接触生漆就可体验传统髹漆工艺。

数字髹漆体验
犀皮漆瓶

拿起下方道具开始制作

1.刷底漆
Brushes the primer

此为木胎，
指器物的木质支架

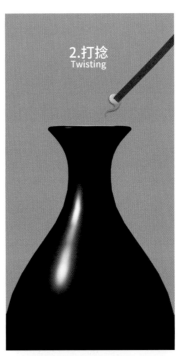

2.打捻
Twisting

3.髹涂
Painting and painting

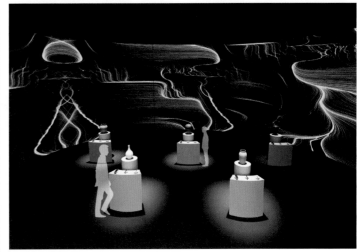

沧州武术八大门派是沧州武术的八个代表性拳种，包括劈挂、燕青、六合、八极、八卦、功力、查滑、太祖。沧州武术一招一式中承载着中华传统文化独有的气韵，蕴含阴阳、内外、刚柔、方圆、天地等哲学元素和理念。2006 年，沧州武术被国务院列入第一批国家级非物质文化遗产名录。千百年来，沧州武术一直是根植于民间的中华武术的典型缩影，也是中华武术文化的重要遗存。作品以科普沧州武术八大门派为目的，采用动态图标作为主要设计形式，通过图形的运动变化，展现沧州武术中的气韵之美。作者将沧州武术动作招式中的力量（气）与节奏（韵）转化为图形语言表现手法，创造一种动态美与静态美、内在力量与外在形态和谐统一的观感体验，传递沧州武术的内在精神与美学价值。

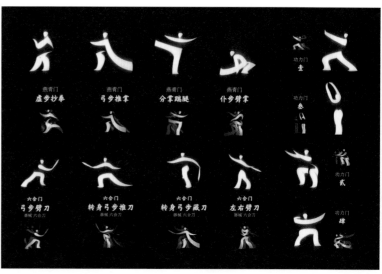

科普创意与
设计艺术　MASTER OF FINE ARTS IN
硕士项目　CREATIVE AND DESIGN FOR
　　　　　SCIENCE POPULARIZATION

焦万程　天地和合：安徽呈坎
　　　　风水插图设计

指导教师 – 王红卫

173

宋代理学家朱熹赞誉："呈坎双贤里——江南第一村。"呈坎，
这个偏安一隅的小山村，历来被视为徽州的风水宝地并充满了神
秘感。本套作品基于呈坎村的村落风水格局，汲取徽州非遗墨模
雕刻的艺术风格综合运用立体纸艺与插图，展现了江南第一村的
风水意蕴。

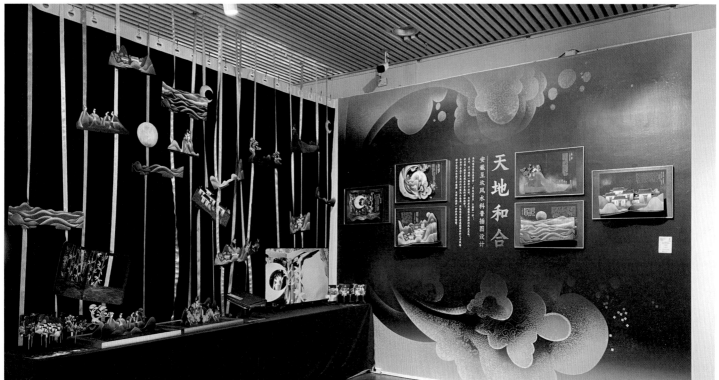

科普创意与
设计艺术
硕士项目

MASTER OF FINE ARTS IN
CREATIVE AND DESIGN FOR
SCIENCE POPULARIZATION

李佳颖　星之像

指导教师 – 陈楠

174

太阳系行星运动是天文科普中的重要部分，也是了解神秘而美丽的天文现象的重要方式。本次设计实践通过人文表达、设计转译等方式，结合多元化设计手段，以在视觉效果与科普传播中达到从"观星象"至"观星像"。

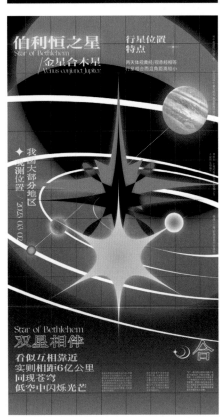

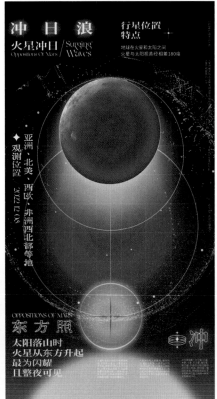

辰州傩是国家级非物质文化遗产之一。作品以傩面为切入点，旨在构建全新的辰州傩视觉面貌，运用多样化的设计语言和媒介呈现傩文化。内容主要包括：《傩界－原始初神》剪纸设计、《傩界－行行重行行》短片设计。

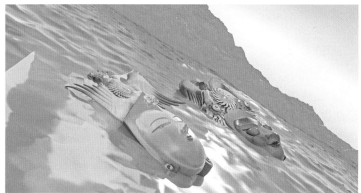

科普创意与
设计艺术
硕士项目
MASTER OF FINE ARTS IN
CREATIVE AND DESIGN FOR
SCIENCE POPULARIZATION

梁骞予

菜鸡梦想家——家装设
计文化科普游戏

指导教师 – 徐迎庆

176

菜鸡梦想家是一款以科普家装设计文化为目标的休闲模拟装修游戏。这是一个菜鸡与人类
共存的世界，街上随处可见各种小菜鸡和小菜鸡开的店铺。不过至于小菜鸡是什么时候诞
生在这个世界上的，至今还没有定论……希望在这里，你可以打造出自己独一无二的梦想
之家，当然还有永远陪伴着你的小菜鸡。

科普创意与
设计艺术
硕士项目
MASTER OF FINE ARTS IN
CREATIVE AND DESIGN FOR
SCIENCE POPULARIZATION

刘晓丹

基于空间叙事理论下的摄
影技术科普展示设计

指导教师 – 杨冬江

177

该设计以叙事性手法展示摄影技术发展的历史进程，以时间轴作
为展厅内容划分的主脉，以各时期摄影艺术风格为空间灵感进行
叙事，充分运用新媒体互动装置，构建全沉浸式的展示空间，以
现代科技充分演绎过往的技术。

科普创意与
设计艺术
硕士项目

MASTER OF FINE ARTS IN
CREATIVE AND DESIGN FOR
SCIENCE POPULARIZATION

栾依琳　　欧泊历险记

指导教师－原博

178

作者立足于宝石研究与艺术设计的双重视角，以青少年作为科普对象，探索宝石知识与绘本设计的融合形式，选取欧泊这一宝石种类进行了名为《欧泊历险记》的科普绘本创作实践。

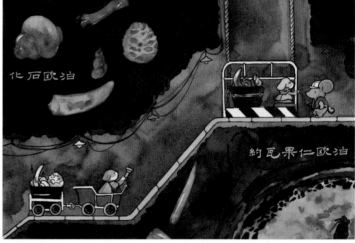

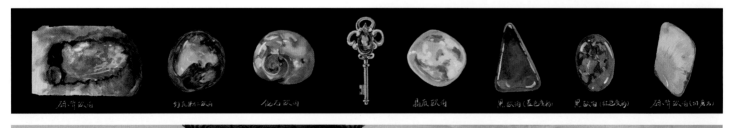

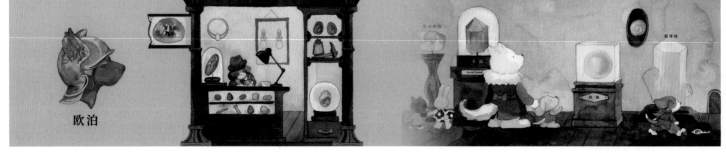

科普创意与
设计艺术
硕士项目

MASTER OF FINE ARTS IN
CREATIVE AND DESIGN FOR
SCIENCE POPULARIZATION

吕师瑶　生声启笛

指导教师 – 王之纲

179

《生声启笛》的具身认知体验式民族五音交互装置是一款面向普通受众、以中国传统乐器笛为内容载体进行有关宫商角徵羽民族五音的学习与应用的科普。作品从重视人与人、人与器、人与自然的中国传统音乐审美观中汲取灵感与力量，立足当下运用当代智慧，创新表达和转译传统民族音乐文化，达到增强文化自信和认知理解能力的作用。 视觉效果参考中国器乐文化审美观与文化特征，在具身交互体验中理解民族五音文化内涵，作者希望通过这种具身体验的交互形式，以更加趣味性的、情感化的方式，让更多人打开传统民乐文化认识与理解的大门，创造性转化、创新性发展。 交互装置体验中通过引导观众身体的参与与感知，通过互动、视听触多维感知的结合，带来沉浸式音乐文化体验。在毕业设计展的五音作品呈现中，通过搭建可容纳双人互动平台的展览空间、采用视听触多感官刺激方式，唤起观众的身体感知和认知活动，达到认知提升且带来心流体验的目的。

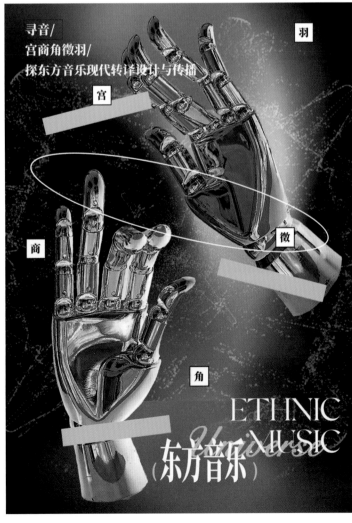

科普创意与
设计艺术　MASTER OF FINE ARTS IN
硕士项目　CREATIVE AND DESIGN FOR
　　　　SCIENCE POPULARIZATION

潘丹滢　　交响龟兹

指导教师－张烈

180

作品旨在通过沉浸式科普交互设计，解读并重新呈现克孜尔石窟第 38 窟中天宫伎乐图的独特魅力。设计过程融合传统文化与现代科技的创新应用，以期达到科普与体验的有机结合。

涡扇发动机原理 TURBOFAN ENGINE

作者设计了一系列以舰载机主题面向中小学生科普的数字交互作品，并且通过线上平台的方式开放。科普内容主要包括以下三个部分：《歼十五装配工厂》交互游戏、《舰载机模拟驾驶》交互视频和《飞行原理》动画。

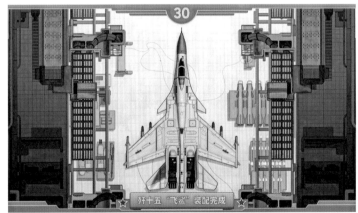

科普创意与
设计艺术
硕士项目

MASTER OF FINE ARTS IN
CREATIVE AND DESIGN FOR
SCIENCE POPULARIZATION

沈宇鸿

基于数字化技术的免疫
细胞科普

指导教师－赵超

182

该作品在艺术与科学的交融中探寻免疫细胞的奥秘，通过数字化技术的融合揭开了健康科普的新篇章。作者借助混合现实技术，在宏观尺度下展示了微观世界的奇妙和复杂性，让观众在交互过程中体验科学与艺术的无缝对话，希望观者在这场充满创意与智慧的探索之旅中体验从免疫细胞到宏观宇宙的无限连接。这不仅是一次对未知的科学探索，也是一场关于存在之美的哲学思考。这是一次从技术创新到价值创新的转变，一场关于生命科学、健康中国与设计创新的积极探讨。

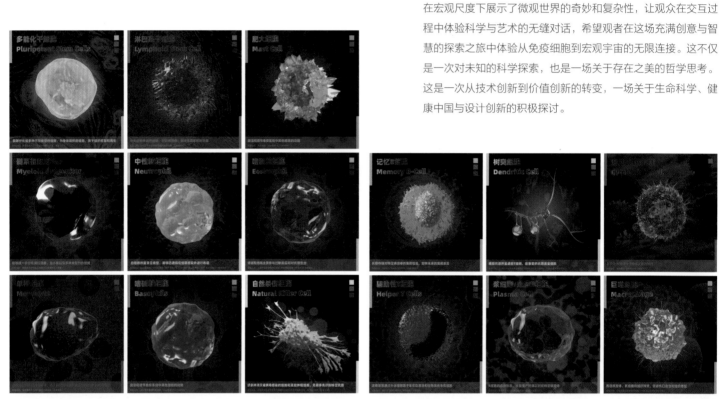

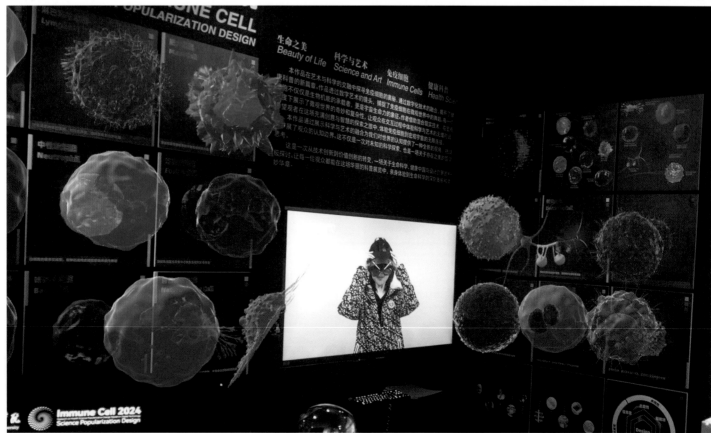

科普创意与
设计艺术
硕士项目

MASTER OF FINE ARTS IN
CREATIVE AND DESIGN FOR
SCIENCE POPULARIZATION

谭美伦

心愈 Aro-heart

指导教师 - 关琰

183

芳香心理学是指利用芳香物质对心理产生正面影响的一门学科，随着现代生活节奏加快，人们承受的压力随之增加，心理问题出现的概率也随之升高，而芳香疗法作为一种精神和心理的自然疗法，其在提高注意力、认能力、记忆力、睡眠质量和情绪健康以及缓解压力、疲劳、疼痛、焦虑等心理问题上都具有理想的效果，尤其在减轻压力和改善心理健康方面具有高效能，因此、向大众科普芳香疗愈方式在当前尤为重要。此次创作希望从科普的角度，以芳香疗法在心理学中的应用科普为主题，将设计学和心理学结合，探索芳香疗法知识普及的传播方式。最终通过人脸识别互动交互装置和交互产品来实现向用户科普芳香疗法在心理领域作用的功能，用户只需要站在屏幕前，即可实时地识别人脸表情，通过表情数据库的匹配之后，能够识别出情绪，并最终以亮灯的反馈机制推送出适合的芳香气味，而气味则会通过加热芳香蜡片的方式散发出味道。

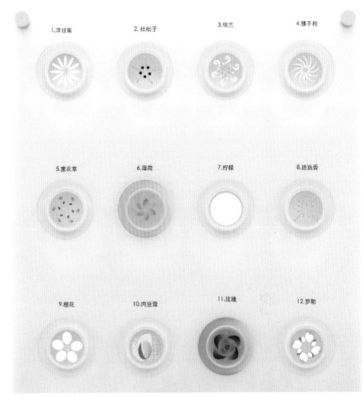

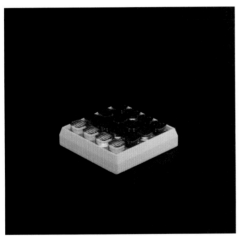

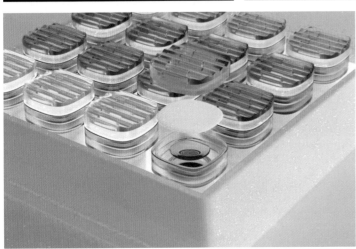

科普创意与
设计艺术
硕士项目　MASTER OF FINE ARTS IN
CREATIVE AND DESIGN FOR
SCIENCE POPULARIZATION　　唐誉瑛　盖茨比与 1900 的
心灵剧场　　指导教师 – 王之纲　　184

作品通过生成式人工智能技术，制作了两组关于依恋风格理论的
科普短片。通过《了不起的盖茨比》中焦虑型依恋风格的盖茨比
和《海上钢琴师》中回避型依恋风格的"1900"两个角色的对
话形式，探讨了不同依恋风格在特定社交场景下的行为和反应。
利用人工智能技术模拟生成两个角色的语音和形象，再现两个经
典电影角色的典型行为和心理状态。通过角色扮演和虚拟对话的
方式，向观众科普依恋风格对个体的影响。

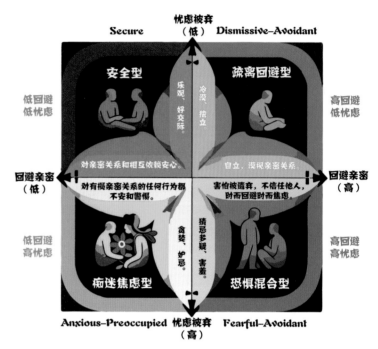

科普创意与
设计艺术
硕士项目

MASTER OF FINE ARTS IN
CREATIVE AND DESIGN FOR
SCIENCE POPULARIZATION

王嘉睿

城市生物多样性科普设计
研究——本杰士堆再设计

指导教师 – 刘新

185

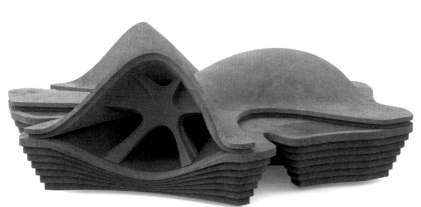

人类的生存与发展需要健康生态系统的支撑，生物多样性则是地球生态系统正常运行的根基。该设计将本杰士堆放在城市的语境下进行阐释，在大型公园绿地中，为刺猬、黄鼬等小型野生动物提供庇护所，并形成由微生物、昆虫、中小型动物、植物共同构建的小型生态系统；同时通过相关知识的科普设计，提升人们对共同栖息的动物邻居们的关注和了解，从而参与到保护城市生物多样性的活动中。

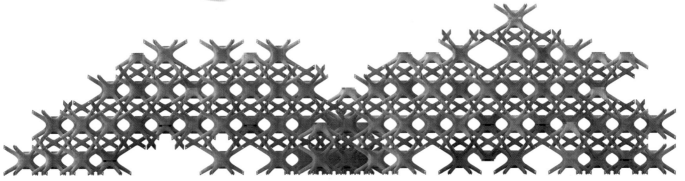

科普创意与 MASTER OF FINE ARTS IN
设计艺术 CREATIVE AND DESIGN FOR
硕士项目 SCIENCE POPULARIZATION

向琦　合成器
　　　Synthesizer

指导教师－马泉

186

自 1955 年第一台真正意义上的合成器 RCA Mark I 诞生，在至今近 70 年的时间里，不断迭代，拓展了声音创作的边界，为声音提供更多可能。通过视觉图像和互动体验，作品旨在展示合成器如何将简单的电子信号转化为丰富多变的音乐表达。

来自过去的未来之声
Future Voices from the Past

SYNTHESIZER
合成器

设计过程及网页呈现
有关「合成器」的科普网站界面
及交互设计

DESIGN PROCESS AND WEB PRESENTATION
Interface and interactive flow design of popular science website about "synthesizer"

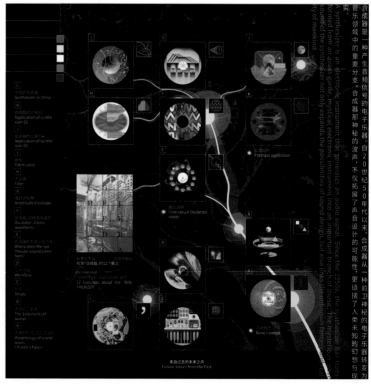

科普创意与
设计艺术
硕士项目

MASTER OF FINE ARTS IN
CREATIVE AND DESIGN FOR
SCIENCE POPULARIZATION

严冬钰　　太空风火轮　　　　　　　指导教师 – 师丹青　　　　　187

太空科普的发展紧密联系于 20 世纪中叶航天时代的开启，人类随着斯普特尼克 1 号（Sputnik-1）的成功发射正式迈入了航天探索的新纪元。这一事件不仅代表着科学技术的突飞猛进，也激发了全球对太空探索的想象，催生了大众对太空科普的广泛需求。作品以角动量守恒定律为科普主题，通过构建一个未来太空旅行的叙事背景，探讨微重力环境下的行动挑战问题，最终提出"角动量太空靴"的科普设计方案，实现创新的穿戴设备与原理可视化设计。

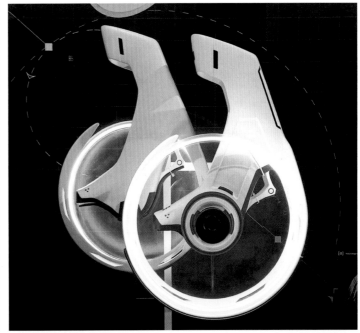

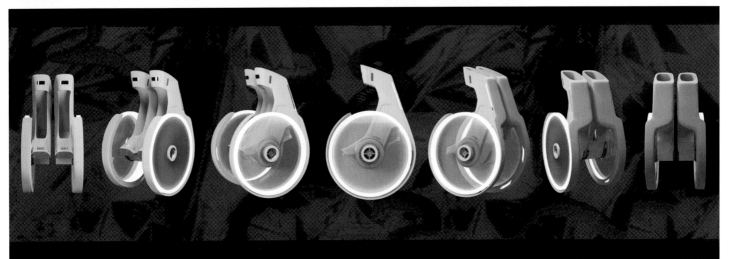

作品是以科幻为主题的游戏化空间叙事工具，结合科幻小说题材和交互式数字叙事，通过世界建构和故事讲述的形式，构建合意的未来图景，设计了以科普为目标，以生成式场景为媒介的可拓展的启发性思辨空间。

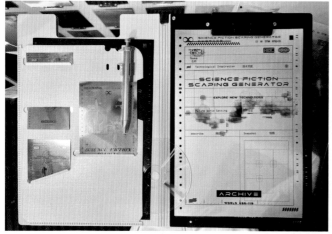
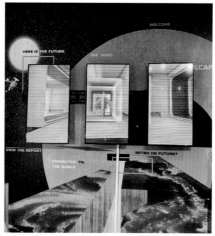

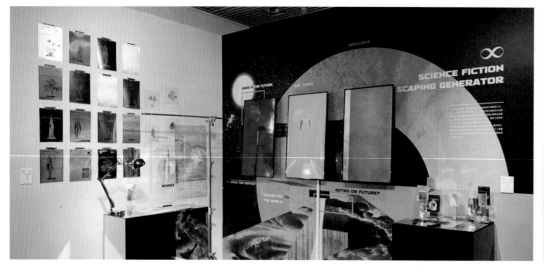

科普创意与
设计艺术
硕士项目

MASTER OF FINE ARTS IN
CREATIVE AND DESIGN FOR
SCIENCE POPULARIZATION

易佳琪　　濒危植物奇遇记

指导教师 – 原博

189

珍稀濒危植物是指自然界中数量稀少、随时面临灭绝威胁的野生植物物种。此次研究将我国珍稀濒危植物有关的知识与桌游相结合进行科普设计。通过桌游所具有的游戏性、交互性和社交性来引导大众主动参与，以此来提高大众对珍稀濒危植物的认知程度和保护意识，同时为我国珍稀濒危植物的科普领域提供新的传播方式。

和平白鸽

以礼相待

吉祥如意

砍伐危机

开发狂潮

污染之息

圆叶玉兰

天目铁木

绿花百合

七指蕨

挂牌护身

人工繁育

植物庇护所

松口蘑

广西火桐

红榄李

雪白睡莲

杏黄兜兰

红榄李

广西火桐

百花山葡萄

植物学家

摄影师

和平白鸽

挂牌护身

砍伐危机

以礼相待

人工繁育

紧箍难题

积分面板

积分面板

创作实践通过动态海报形式科普六种常见的食虫植物（猪笼草、瓶子草、茅膏菜、捕虫堇、捕蝇草、狸藻），它们彼此之间互相联系又互相区分，通过单体科普海报与群落连续图样视觉呈现这六种食虫植物的科普形象。

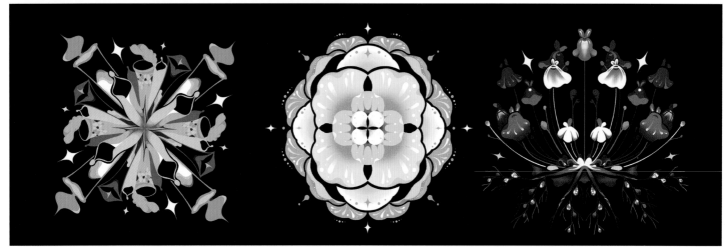

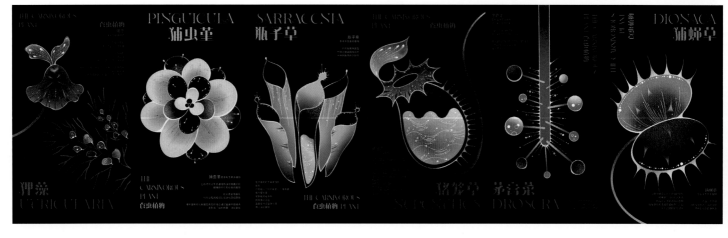

科普创意与
设计艺术
硕士项目

MASTER OF FINE ARTS IN
CREATIVE AND DESIGN FOR
SCIENCE POPULARIZATION

张昊天　　NANOGATE 小睡精灵

指导教师－刘强

191

该作品是一套面向上班族群体的睡眠惰性科普产品和信息展示系统，通过问卷调查和科学分析，采用非侵入式脑机接口、物联网和在终端等多样化技术手段，旨在提高公众睡眠健康意识的同时，科学认识睡眠惰性等生理现象，改善睡眠质量，并降低由此带来的健康和安全风险。设计结合了产品、形式和技术，为用户提供个性化建议，并在实地测试验证了方案的有效性和受众满意度。

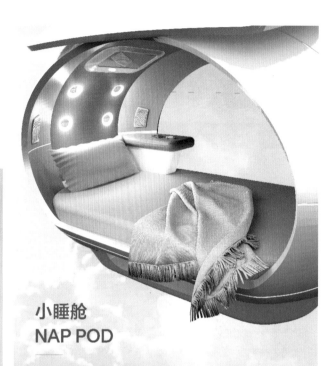

Sleep knowledge popularization
睡眠惰性科普界面

科普界面首设计注重用户体验和科普效果的结合，通过引人入胜的视觉设计和简单的文字引入，吸引用户注意力的同时为用户深入了解睡眠惰性提供了便捷的途径。为后续的科普展示和睡眠改善计划奠定基础。

小睡舱
NAP POD

设计旨在为用户提供一个舒适、科学、并能够促进睡眠质量的小憩产品设施。小憩设施内部集成了多种功能，以满足用户在短暂休息时间内对于放松和恢复精力的需求。

The design aims to provide users with a comfortable, scientific, and sleep enhancing recreational product facility. The recreational facilities are integrated with various functions to meet the needs of users for relaxation and energy recovery during short rest periods.

Sleep aid function interface
助眠功能界面

分为日间训练、脑电助眠、智能助眠模式、快速放松、深度睡眠、午间休息、差旅舒眠几大功能板块，请根据您所处的环境选择适合的模式。

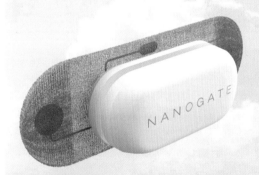

Sleep aid mode interface
助眠模式界面

在助眠过程中，系统将持续监测用户的脑电波变化，动态调整助眠音频的类型和音量，确保整个助眠过程与用户的放松节奏相匹配。此外，系统还会提供一个"结束助眠"的选项，允许用户根据个人需求随时结束助眠阶段，返回到助眠功能界面。

小睡精灵
NANOGATE

通过非侵入式脑机接口技术，实时监测用户的脑电波活动，并将其转化为可操作的数据。这些数据不仅用于实时反馈用户的睡眠状态，还与小憩空间的设施进行耦合，实现环境的智能调节。

By using non-invasive brain computer interface technology, real-time monitoring of user EEG activity and converting it into actionable data. These data are not only used for real-time feedback on the user's sleep status, but also coupled with the facilities in the recreational space to achieve intelligent adjustment of the environment.

创作以元宵节为例，进行节庆主题展览体验设计研究。将与元宵节相关的古画等文物视觉图像作为装饰元素进行转化、提炼与应用，从街道装饰、线上辅助线下的游览体验规划、DIY 文创产品三个方面进行。

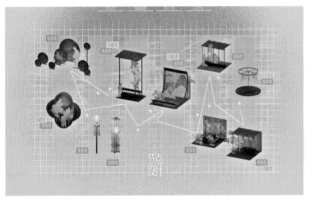

体验设计　　　　街道装饰　　　　线上功能　　　文创产品

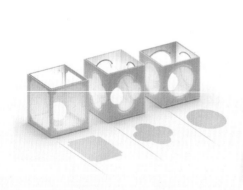

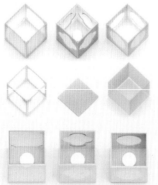

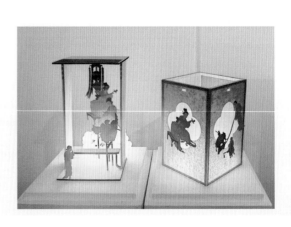

科普创意与
设计艺术
硕士项目

MASTER OF FINE ARTS IN
CREATIVE AND DESIGN FOR
SCIENCE POPULARIZATION

张瑞恒   红楼诗话

指导教师 - 张烈

193

作品通过对《红楼梦》进行文本研究，提取出了意境构建层次和意境构筑元素，并将《红楼梦》的审美理念运用于科普展览方案之中，旨在打造一个文学内容与多媒体交互相结合的沉浸式诗词艺术体验空间，使观者能够进一步感受到《红楼梦》诗词的独特魅力。

偏振是光的一种基本属性，应用于许多领域，光的偏振现象也广泛存在于我们的身边。了解光的偏振知识有助于人们理解现代科学以及人们身边存在的大量技术。作品希望探索一种有趣的方式来科普光的偏振知识，帮助人们更好地理解生活中的光的偏振现象和背后的知识原理。作品基于液晶显示器成像原理中的光的偏振现象，结合动态装置和经过特殊处理的投影仪，打造一个光的偏振现象的体验空间。希望激发参观者好奇心，引导参观者观察、体验并理解光的偏振现象。

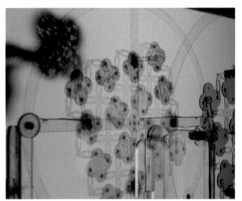  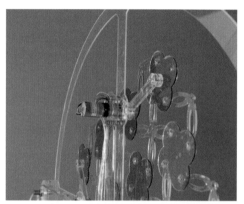

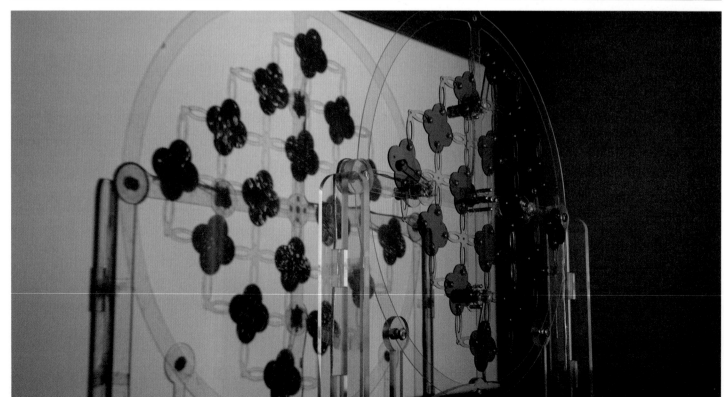

科普创意与
设计艺术
硕士项目　MASTER OF FINE ARTS IN
CREATIVE AND DESIGN FOR
SCIENCE POPULARIZATION

张一凡　"庐山四序——庐山气候
变化"科普展示设计

指导教师－吴诗中

195

作品以"庐山四序——庐山气候变化"为主题，融合深度参与模式与沉浸式体验设计，构建集动态展示与静态空间于一体的沉浸式交互体验空间，为参观者带来全方位的感官体验。科普内容摒弃了传统气象科普馆所倾向的深奥且复杂的气象知识，聚焦于生活化、通俗易懂、更加贴近民众生活的内容。设计重心在于营造科普文化环境和空间体验，利用多媒体技术和物理环境制造设备进行场景构建，引导参观者从"被动参与"转化为"主动参与"，在沉浸式体验中深度了解庐山气候变化的成因及相关的人文历史，从而达到气象科普的目的。

黄语琦　　　　　　李浩洋　　　　　　莫宛莹　　　　　　邱艺芸

GIX CONNECTED DEVICES DUAL DEGREE MASTER PROGRAM (DESIGN DIRECTION)

GIX "智慧互联" 双硕士学位项目（设计学方向）

寄语

清华大学—华盛顿大学"智慧互联"双硕士学位项目（设计学方向）由清华大学全球创新学院（GIX）和美术学院共同负责，旨在万物互联的时代背景下，培养具备多学科交叉背景的高层次、国际化、复合型创新设计人才。

首届设计学方向的四位同学具有工业设计、信息设计、心理学等多元学科背景，在北京和西雅图两地三年的学习中，出色完成了设计创新、计算机科学以及创新创业等跨学科课程和实践。今天，他们的毕业作品精彩亮相，以"设计思维＋计算思维"为基础，探索如何通过软硬件的创新设计，提升人的视觉、听觉、触觉等感官能力，为未来的睡眠健康、运动穿戴、学术阅读等不同场景赋能。

我们期待这些学生所获得的跨学科、跨文化学习能力，将为他们未来的成长道路上不断注入动力，持续探索艺术与科学融合的无限可能！

GIX "智慧互联" 双硕士学位项目 （设计学方向）

GIX CONNECTED DEVICES DUAL DEGREE MASTER PROGRAM (DESIGN DIRECTION)

黄语琦

ReadEasy:AI 学术阅读辅助

指导教师 - 米海鹏

198

卷帙浩繁的学术知识太难理解？阅读学术文章费时费力？在人工智能时代，大模型将在辅助人类学术知识的理解中派上用场。术语解释、知识解读、段落总结……ReadEasy 能提升学术文章的阅读效果，并改善用户的阅读体验。

AI疑难词汇解释

AI专业背景知识补充

AI文章概括

AI可交互式段落总结

作品通过环绕声 ASMR 与 AIGC 睡前故事与更符合人机工学的
耳机打造沉浸式助眠体验。

导光光纤 + 光源

科技牛津布

防水面料

PCB + 电池

婴儿级柔软魔术贴毛面

贴身莱卡面料

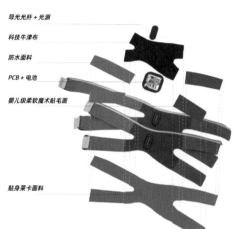

该作品为一款运动训练追加反馈可穿戴设备。利用视觉和触觉反馈系统即时指导用户纠正运动姿势。全身八个关键节点的可穿戴装置，根据不同场景和训练目的可自由组合。每个节点均可收集分析运动相关的重要指标和数据。

> 可穿戴设备 Wearable Device
> 手机应用程序 Mobile APP

phantom

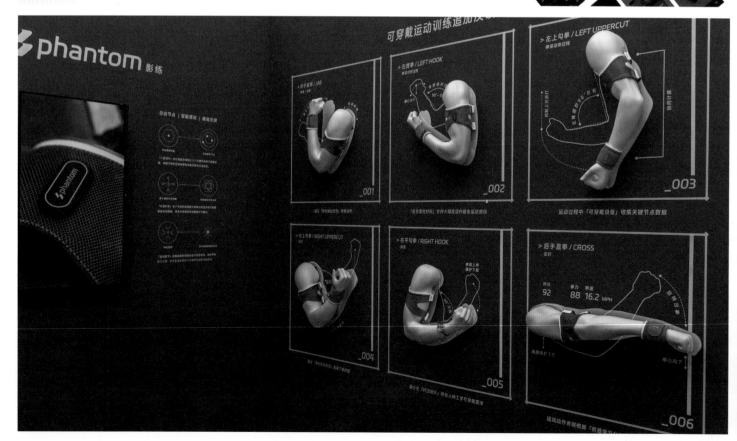

年轻从业者中普遍存在的肌肉疼痛和酸痛主要源于肌肉过度使用和肌肉代偿导致的肌肉失衡。0M³GYM——一种平衡全身肌群的轻便、模块化设备，旨在通过日常不经意间的精准拉伸和平衡训练来改善肌肉状态。

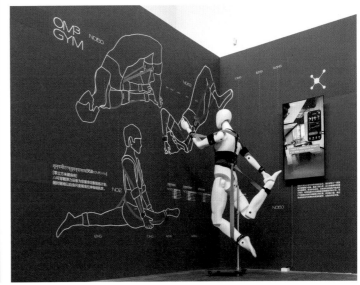

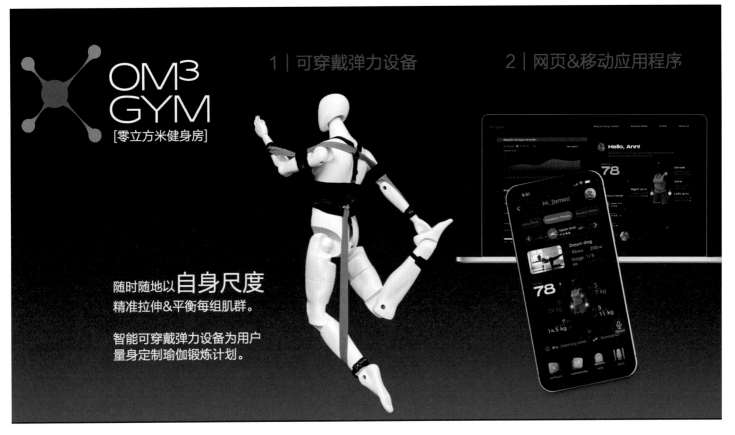

OM³ GYM
[零立方米健身房]

1｜可穿戴弹力设备

2｜网页&移动应用程序

随时随地以**自身尺度**
精准拉伸&平衡每组肌群。

智能可穿戴弹力设备为用户
量身定制瑜伽锻炼计划。

2024
UNDERGRADUATE
WORK
COLLECTION
OF ACADEMY OF
ARTS & DESIGN,
TSINGHUA
UNIVERSITY

清华大学
美术学院 编

2024 清华大学美术学院 本科生

毕业生 作品集

中国建筑工业出版社

图书在版编目（CIP）数据

2024 清华大学美术学院毕业生作品集 = 2024
ACADEMY OF ARTS & DESIGN，TSINGHUA UNIVERSITY WORK
COLLECTION OF GRADUATES. 1, 本科生 / 清华大学美术
学院编 . -- 北京：中国建筑工业出版社，2024.8.
　　ISBN 978-7-112-30254-3

Ⅰ . J121

中国国家版本馆 CIP 数据核字第 20244TV620 号

责任编辑：吴　绫
文字编辑：孙　硕
装帧设计：王　鹏
责任校对：王　烨

2024 清华大学美术学院毕业生作品集
2024 ACADEMY OF ARTS & DESIGN，TSINGHUA UNIVERSITY WORK COLLECTION OF GRADUATES
清华大学美术学院 编
*
中国建筑工业出版社出版、发行（北京海淀三里河路9号）
各地新华书店、建筑书店经销
北京星空浩瀚文化传播有限公司制版
天津裕同印刷有限公司印刷
*
开本：880毫米 × 1230毫米　1/16　印张：28$\frac{1}{2}$　字数：882千字
2024年 8 月第一版　2024年 8 月第一次印刷
定价：456.00 元（本科生、研究生）
ISBN 978 -7-112- 30254-3
（43615）

PREFACE

序

在广袤的宇宙中，万物彼此吸引，相对运动；在艺术的时空中，思想彼此启发，碰撞融合。此刻，清华大学美术学院2024届194名研究生和233名本科生的毕业作品，正在形成一个巨大的引力场，吸引每一位观众进入艺术与设计的星辰大海，体验其无尽的魅力与可能性。

回忆当年，同学们刚刚踏入校园，每一个人都带着强烈的好奇心和新鲜感，开启了吸收新知识、释放创造力的学习之旅。老师们的经验与付出，同学们的天赋与勤奋，相互吸引、相互成就。同学们的勇气和想象力不断突破艺术设计的界限，不同学科知识的交融，跨越了艺术与科技，跨越了传统与现代。每一个思想的火花和每一次自我的突破，都如同星辰在引力场中互相碰撞，最终凝结成展览中闪光的作品。

如今，同学们即将告别校园，踏入社会，如同一颗颗冉冉升起的新星，将在更广阔、更多元、更复杂的引力场中继续前行。质量越大，引力越强。希望大家通过不断提升艺术创作和设计创新的质量，更有力地服务国家、回馈社会！在未来充满新挑战与新机遇的星辰大海中，愿每个人都探索出一条灿烂的人生轨迹！

清华大学美术学院院长

FOREWORD

前言

入夏，万物初盛之际，清华大学美术学院迎来了 2024 届毕业生作品展，这场由 233 名本科生和 194 名硕士研究生用才华和努力精心呈现的视觉盛宴，不仅是他们学习和创作成果的汇聚，也是他们对未来艺术之路的大胆探索与畅想。

艺术可能很抽象，但当它具体化为一幅绘画、一件雕塑或设计作品时，就变得可见和可感知了。清华大学美术学院 2024 届毕业生作品集收录了来自染织服装艺术设计系、陶瓷艺术设计系、视觉传达设计系、环境艺术设计系、工业设计系、工艺美术系、信息艺术设计系、绘画系、雕塑系 9 个培养单位以及智慧互联、艺术管理、科普创意与设计 3 个研究生项目组成的具有鲜明特色的毕业成果。这些作品不仅展现出学生们扎实的专业能力和勇于创新的学术精神，更体现了他们对社会、文化及个人体验的深刻理解。

在这个充满变革和挑战的时代，世界正经历前所未有的变化，艺术也不例外。全球气候变化、社会不平等、文化冲突和科技进步等问题对艺术创作提出了新的要求和期望。本届毕业生敏锐地捕捉到了这些变化，他们的作品视野开阔，情怀深远，不仅关注全球性议题，如环境保护、社会正义和文化多样性，还通过艺术表达对人类共同命运的深刻关切，受到了社会各界的广泛关注和好评。

从某种程度上看，挑战和机遇一样，让整个时代都成为了青年学子展示自我的背景板。面对人工智能的迅猛发展，清华大学美术学院秉持培养具有国际视野、综合素养和创新能力艺术人才的使命，鼓励学生重新思考艺术的本质，勇敢拥抱新技术，不断探索艺术的边界。学生们在创作中大胆尝试、勇于突破，发掘形式和材料的可能性，努力寻找属于自己、属于这个时代独特的艺术语言，展现艺术与科技交织融和的新面貌。

水木清华处处佳，万般历练皆成长。此去经年，愿如夏花般绽放的青年学子，人生路上，一程自有一程的芬芳。

清华大学美术学院副院长

CONTENTS

李蕊　　　　　刘子铭　　　　　唐子然　　　　　郭馨阳

张昊　　　　　王瑞雪　　　　　刘婷玉

殷斯腾　　　　石瑞禾　　　　　刘鹭灵　　　　　武欣怡

唐诗　　　　　韩一鸣　　　　　夏玮婧

车世茜　　　　林欣瑜　　　　　胡雨萱　　　　　高元睿

成曦　　　　　刘瑶　　　　　　黄芊

金小蛟　　　　吴悠　　　　　　李佳霖　　　　　李佩璇

陈雨菡　　　　颜成

DEPARTMENT OF TEXTILE
AND FASHION DESIGN

染织服装
艺术设计系

主任寄语

染织与服装都是历史久远又与时俱进的行业。人工智能迅速迭代的当下，同学们积极面对设计变局，勇于创新。这一届多元而又独特的作品中既有 AIGC 技术的介入，也有手工技艺的回溯；既有对历史的传承，也有对未来的预见；既有现实的关照，也有观念的探究。多维的视角体现了这一代设计师活跃的思维、敏锐的洞察力与独特的表现力。

又到了一年中草木葳蕤的季节，蓬勃旺盛的生命力正是丰收的前奏，希望同学们行而不辍，履践致远，所愿皆得，不负韶华。

该作品以梦境为主题，呈现了人在梦境中寻求自我疗愈的过程。巨大的植物与幼小的人物形成鲜明对比，象征着两者间相互依赖的关系。材料以羊毛毡为主，同时采用高明度、低饱和的色彩。整体呈现出柔软、无害、疗愈的感觉。

作品是一组采用羊毛湿毡和针毡工艺结合的壁挂作品，设计灵感源于沙盘，以河流肌理为
主，着重表现河流两岸的多级河谷阶地和古城遗迹的建筑轮廓，体现河流流动感和生命力，
形成丰富的视觉层次。

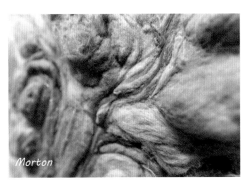

作品是以疍家元素为灵感制作的装置。它是由系列"渔篓""渔帽""渔网"搭建组成的乌托邦装置。面料设计以针织工艺为基础，结合亚克力、串珠等混合材料展现出了纷繁多元的视觉效果，歌颂疍家向海而生的浪漫与坚毅。

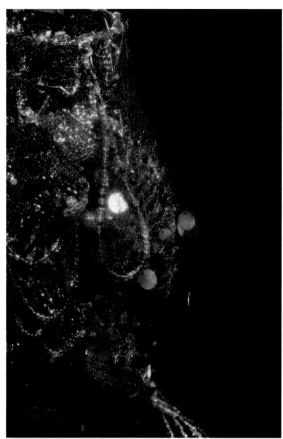

该作品是一个以纺织材料为主的实验动画短片，通过结合儿时的幻想，表现宠物兔死去的故事。在设计过程中，作者运用装饰元素和纺织材料来制作动画，尝试营造丰富的视觉效果。作品通过展现一段美丽而残酷的回忆，旨在理解孩子生命观的形成，并探讨过去的经历如何塑造个体。

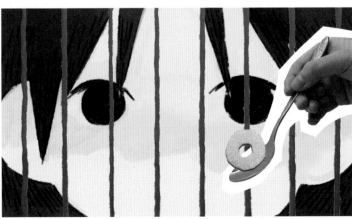

本作品的创作灵感来源于运动员的身体。作者希望通过作品来表现运动员对更强健的身体、更好的成绩以及自身极限的追求。对运动员来说，伤病、训练等经历的最直接展现就是他们的身体。因此，作者选择了身体部位作为作品的主题，来创作一组与运动和形体有关的软雕塑作品。

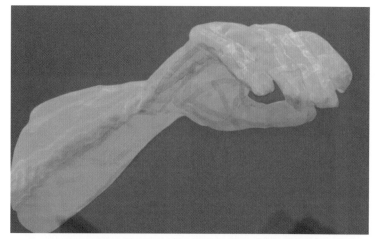

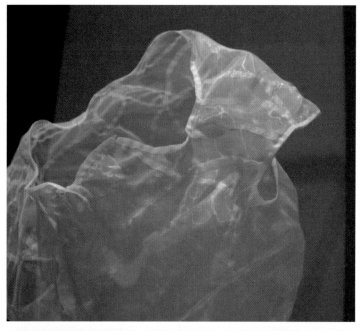

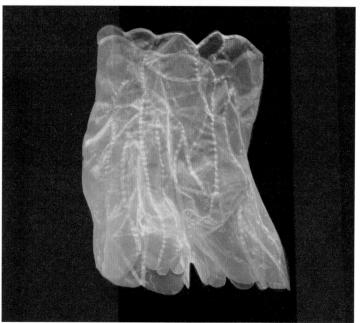

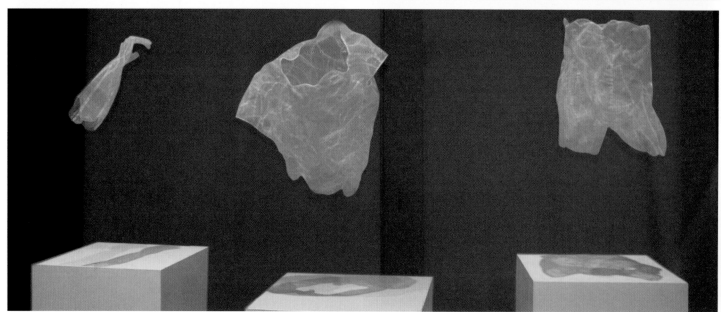

年轮是树生长的痕迹，记忆是我们成长的痕迹。本作品以树为题材，结合个人成长故事，体现树与人成长记忆的交融。作品以雪纺为主要材料，运用了刺绣工艺和印染等技法。

该作品意在表达人与海之间一种复杂的情感关系，海洋是神秘又深邃的，令人向往的同时又令人胆怯，无论人有什么情感，海洋就静静地在那里。作品整体采用拼布壁挂的形式呈现，以多彩的布料拼合展现海洋的深邃与无穷，呈现人与海之间的故事。

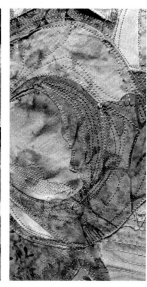

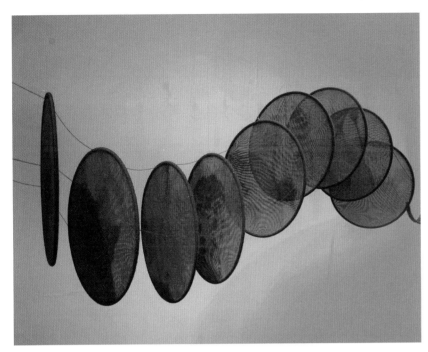

将文化符号龙与贴合身体形状的弹性面料结合在一起，试图传达个人在文化中的定位与关系，以及个体如何在文化的熏陶下塑造自身的身份认同。该作品旨在引发观者对于文化认同、传承和个人身份的思考。

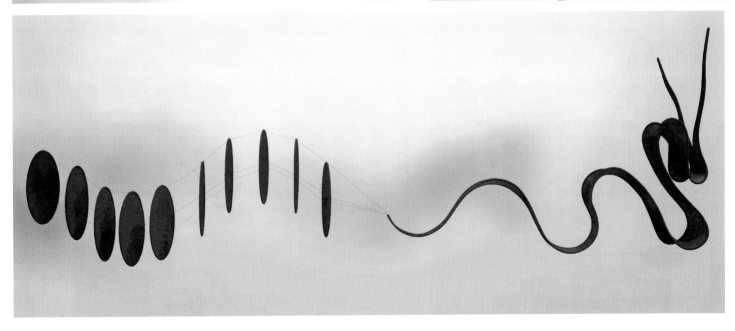

福字文化根植于中国传统文化命脉，是中国人对于美好生活的向往，这些对幸福的向往如同红色的线彼此交织，织造出一幅幅写满中国梦的画卷。作品采用高比林编织工艺，五幅形态各异的福字层层叠叠汇聚成一个完整的福字，表达吉祥幸福的美好祝愿。

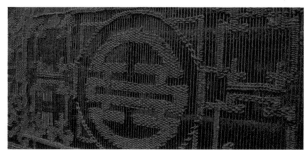

该四联异形折屏以汉画像石动物祥瑞图案为灵感，结合屏风的功能及结构特点对汉化像石动物图案在造型、色彩、结构等方面进行了再设计。每一联既可独立成画又可共同构成一幅完整的画面；通过刺绣工艺与有光泽感的短绒布相结合，体现传统与现代相融合的艺术效果。

本服装设计作品以纯故障艺术作品《来自谷歌地球的明信片》，因软件算法缺陷而产生扭曲的道路为灵感，以解构和服装语言转化的方法将其应用于服装设计，探究纯故障艺术在服装设计中应用的可能性和价值。

作品以苏州园林花窗为灵感来源，对花窗图案进行提取并基于当代审美进行二次创作，用针织和编织的服装语言对其进行转化和重塑，将传统园林艺术中的"人景相融，人亦是景"的造景理念应用于针织服装设计中。

医美作为时代审美变迁的产物，其既能让人变美，也会使人遭受身心的损伤。该系列作品以此为灵感来源，利用烂花和印花工艺诠释了身体皮肤损伤异变的效果，并结合分割、包裹的服装结构和夸张的服装造型，讽刺和批判了当下的医美现象，呼吁人们尊重自我，追求自然之美。

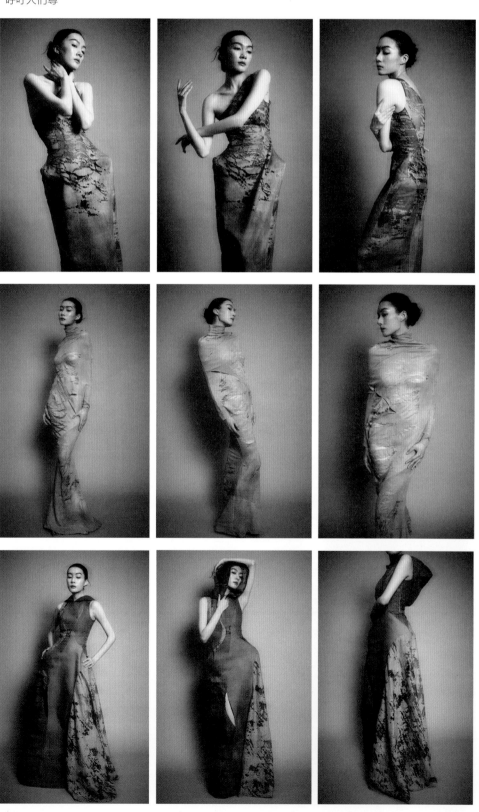

作品灵感源于大学生宿舍通过设置床帘桌帘而营造的私密空间，以及其中的数字社交。本设计用宿舍中的材料创造包裹式空间感，用毛绒条模仿数据线，展现五彩数字世界，从而带来愉悦的视觉体验。也期望人们借此释放压力，享受快乐。

作品设计灵感来自"金缮"，以昂贵的箔修复裂缝传达的是化残缺为美好，是自然之道，也是一种人生态度。该作品将金属箔这种工艺材料、传统贴箔技艺，与肌理面料相结合，通过不羁的服装形态与精致的内部结构，呈现独一无二的存在。

该作品通过旧牛仔衣物与植物拓染工艺的结合，探索时间流逝和生命历程的象征意义。服装展示了物质的老化，且象征岁月在个体生命中留下的痕迹。重构过程赋予物品新生命，使之成为讲述个人故事的载体。植物拓染工艺的融入增加了自然元素，赋予作品更多生动性，并象征自然流逝与残缺之美。

作品设计灵感源于作者对生命力量的思考。生命在母体里启动，我们看到的是靠近心脏的肋骨开始生长，是血管开始蔓延填充，是细胞的成长分裂。无论能否真正降生于这个世界，每一个生命的形成都意义非凡，都将给予我们力量。针织品像是我们的第二层肌肤，针织肌理表现出独特的亲密性、包裹性和脆弱性。作者选择使用机织和手工编织工艺，结合多种纱线材料，塑造生命的形态，传达生命带给作者的鼓舞与思考。

创作者身高 2 米。自我与他者印象的偏差，构建了因身高而被解
读为"篮球运动员"的另一个自我。这种幻想促使创作者将运动
员的形象融入华丽繁复的重工世界。蓝晒印相、破损球体、废弃
鞋带的交织重组是球场英雄超脱现实的关键。

改造校服是"Z 世代"青少年表达自我的一种媒介。该系列作品用烂花和面料热压模拟校服涂鸦的效果，以解构、非常态穿着方式体现对校服的再造，展现青少年在既定形式中寻求突破创新的独特面貌。

作品灵感源于庄周梦蝶的典故。无边的梦境之中，我们尝试捕寻那只虚虚渺渺、不知来处、不知所归的蝴蝶，却发现已然难辨。设计以羊毛湿毡与真丝材料结合所产生的纹理为设计出发点，在系列中营造轻盈朦胧的意境。

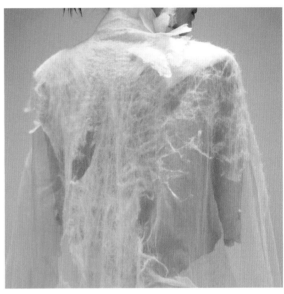

作品灵感源于怀孕的母亲。母亲在生育的过程中会经历身体的变形、分娩的痛苦等。作品从怀孕引起的身体变化出发对服装结构进行重组，通过服装造型的畸变，表达对母亲生育艰辛和生命珍贵的感叹 。

作品对汉画像石《嫦娥奔月》进行重新解读，通过对该幅石刻图案的创新归纳变化，结合拼布和激光烧花等当代工艺，探讨传统石刻图案在当代女装中新的可能，做出具有中式力量的设计。

作品以当代女性视角重构皮影戏里的青衣完美形象。重构的青衣不再是传统视角下被定义的完美形象。"青衣"突破定义向往自由，呈现二维向三维转化的过程。材料选择制作皮影的动物皮革，结合湿定型和激光切割工艺，改变皮革原有的硬度并进行塑形，使"青衣"立体化。激光雕刻皮革形成的"蕾丝"和湿塑定型使皮革呈现软硬厚薄的多样效果，展现了女性打破束缚的力量。

生命就如夜空中的焰火，绽放时灿烂炫目。该作品将热塑性塑料
应用于女装设计，以加热塑形、融化重塑等方法塑造不规则形态，
使用高饱和度色彩和放射状造型展现生命与焰火绽放之美。

染织服装
艺术设计系
DEPARTMENT OF TEXTILE
AND FASHION DESIGN

李佩璇   如云出岫

指导教师 – 贾玺增

26

作品虚实相映，如云出岫。系列服装以太湖石为灵感，提取其独特的凹凸造型，并与现代成衣结构相结合；以毛纤维的毡缩工艺为载体，进行材料再造，力图用服装语言表达太湖石别有洞天的中式美学。

设计灵感源于 20 世纪 90 年代的德珂拉（Decora）风格与亚文化。粉色系牛仔面料结合翠绿荷叶花边，蓝色吊带背心内搭粉色针织，撞色的橙绿长裙，搭配缤纷的发卡、手链和项链等繁复的配饰，形成童话般梦幻的视觉效果。

染织服装
艺术设计系
DEPARTMENT OF TEXTILE
AND FASHION DESIGN

颜成　　爱

指导教师 – 李迎军

28

作品从自身的情感经历出发，探讨爱情中主动权的流动。利用堆褶、悬垂及不稳定服装结构表达爱情中双方不同的状态，通过独特的激光印花工艺，赋予天然乳胶材料别样的质感。

甄雪婷

汪茗

李润伊

徐欣蕾

戴卓颖

冯轶凡

吴敏学

任洁

尹月盈

杨弋力

樊佳

邵瑜珊

DEPARTMENT OF
CERAMIC DESIGN

陶瓷
艺术设计系

主任寄语

陶瓷是你们认识世界、理解自己的特殊媒介，也将成为未来人生道路上的精神财富与灵感源泉。学院培养了你们以艺术性的视角独立、思辨地审视世界的能力。你们对日常生活的敏锐洞察、对事物的独立思考、对人生的理解与反思，都将呈现在你们新奇而踏实、精彩而真诚的毕业创作中。

在校园的时光很快要结束了，同学们又一次站在了人生的十字路口。作为寄语，除了鼓励与祝福，我更希望你们未来无论坚守在哪一岗位上，都勿忘清华人的一贯追求："独立精神，自由思想"。做清醒的自己，不被裹挟，明辨是非。用你们的思考和教育所赋予的能力，保护你们的良知与责任，这也是陶瓷系一直以来对毕业生的要求与寄托。希望你们不要低估自己，更不要忽视陶瓷人血脉里的家国情怀。"云程发轫，万里可期"，陶瓷人的每一点坚持和进取，都会为国家发展、人民生活的改善作出贡献。

作品将几何形态与扭曲形态结合，形成"正常－扭曲－正常"的
交错感，以展现形体穿梭于"实空间"和"虚空间"的状态。在
作品外形上，块面与曲线的动势构成形体的流动感，使静态作品
呈现出动态的视觉效果。

先祖们通过图腾崇拜来祈求大自然的庇护，现代社会的人们构建
起了新秩序下的"信仰"：科技、资本、权力……它们虽带来了
便利，也引发了诸多"病灶"。马克思曾说："一切坚固的东西
都烟消云散了。"

作品将泥土与海洋结合，是用瓷的语言来讲述海洋的包容与自由，也是用波涛下热烈、壮阔的生命来找寻瓷的力量。整体采用泥板成型及注浆成型的方式进行制作，选用白瓷泥和白釉，以表现海洋的神秘色彩。

北方倒春寒的一场春雪唤醒了寒冬沉寂的大地，自此灰白有了色彩，生命力与感知力回到了我们身上，一切都在悄然生长。

陶瓷
艺术设计系　DEPARTMENT OF
CERAMIC DESIGN

戴卓颖　梅雪烹茶
霜满红楼
三原色

指导教师 – 杨帆

36

该作品是以手工成型为基础，以多孔陶瓷材料为创新点，利用新材料的审美和功能性创作的生活陶瓷作品。两套煮茶器结合多孔陶瓷装饰表现雪景，营造雅致的冬日煮茶氛围；咖啡具则采用创新海绵成型工艺，简约而不失趣味。

作品造型是借鉴了古代塔式魂瓶的叠落结构，绳纹装饰来源于傣族的束欢概念，"欢"在傣族的概念里面代表灵魂力量，束欢是指用一根绳子束住对象以增强其灵魂力量的仪式性行为。对于死亡，我们一无所知。我们如何看待死，其实也是我们如何对待生。

作者希望通过魂瓶的形式打开对死亡的讨论，引发观者对死后世界的注意与想象并由此延伸到对我们所处的当下时空的感知。

 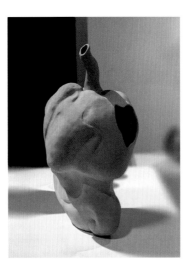

作品以植物果实为素材，将家庭代际关系中情感创伤的形成过程和主体感受进行词语化概括和表现，展示受创者逃避隐藏潜意识中痛苦的状态，破茧的含义一是打破伪装，二是破茧重生。作品以陶土为原料，采用泥条盘筑、粘接和喷涂化妆土等技法制作而成。

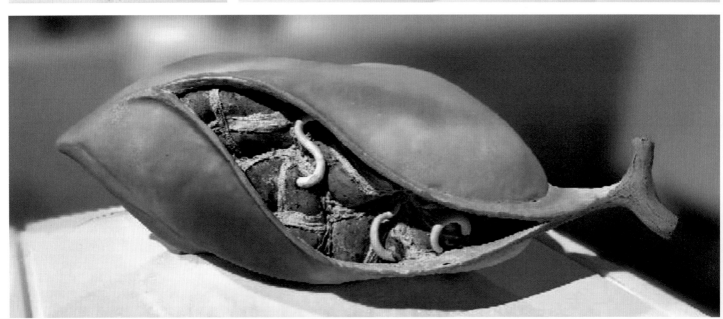

作品通过陶瓷艺术的语言凝固了记忆与情感，对作者成长经历中的图画和文字性记忆进行再创造，既是对时间意义的主观表达，也是对自我的反思和总结，同时探索陶瓷艺术在表达个人的记忆与情感的多样形式。

作品是以都市印象为主题，以陶瓷为媒介进行的创作。道路与轨
道交错穿行于都市中，搭载着居民的生活也构建着城市。从城市
交通中我们窥见城市生活的一角。

赏石文化一直是中国传统文化中重要的一部分，不仅多作为文人墨客赋予意向的载体，同时也是古代艺术创作中重要的一部分。古往今来的艺术创作者将山石取出，再造，并重新组合，以假山石的形式完成新的艺术作品。这样的假山石被赋予个人情感和审美意向，从一块自然的造物变成了人为选择的艺术，同样是无意识的解构实践的一种。受到解构主义思想的影响，作者将山石从整到零的形成过程倒转，用单独块体拼出新的"山石"，因此完成了"假的假山石"。至此，最初的自然之物已经完成了两次解构。

"宠伴时光"系列作品围绕人与宠物间如同亲人般相互陪伴与依赖的情感，生成了两个系列的亲宠家庭餐具。人与宠物在温馨的生活场景中，通过有关联的视觉元素进行无声的互动，在彼此的陪伴中建立起更亲密的情感链接。

捕捉织物在外力作用下瞬间形成的形态特征，将织物本身给人的视觉意象与紫砂结合，借助紫砂现有的材料、工艺、审美及文化的特性，创作了本系列三件姿态各异、自由灵动的陶瓷陈设品，拓展了紫砂的艺术形式。

李玉冰 黄宇萱 王佳怡 李焓妍

刘格格 王茵 汪奕可

刘慧妍 霍世如 王逸枝 王博旸

曹润 余颖颉 杨皓月

李佳蓉 龚昕宜 孙健嘉 胡馨宇

朱苑 卫茂淳 卢翰轩

李珈霖 孙闻溪 陈遐龄 张芮熙

孟思妤 韩欣雨 李白沙

DEPARTMENT OF
VISUAL COMMUNICATION

视觉传达
设计系

主任寄语

今天这个时代充满了挑战，人工智能开始介入视觉信息媒介，在为我们提供无限可能的同时，也带来了众多的专业挑战。视觉传达设计系的同学们秉持着守正创新、自信乐观的态度，在专业学习上展开创新探索、独立思考，在毕业创作中展现出了高度的专业水准和开放的专业态度，体现了行胜于言的严谨学风。祝今年毕业的同学们未来学习、工作和生活一切顺利！

视觉传达
设计系
DEPARTMENT OF
VISUAL COMMUNICATION

李玉冰

电话跷跷板 / 电视机蹦床 /
风扇滚滚轮 / 转转留声机 /
游戏机泳池 / 迷藏收音机 /
磁带滑滑梯 / 套圈打字机

指导教师 – 张歌明

46

从青年怀旧现象为研究背景出发，探究其成因与视觉表达，以旧物作为意向主体，将不同的物设计为游乐园中的玩乐设施，配合人物的互动进行插画创作实践，以塑造一种温馨愉快、无忧的氛围，传达浪漫而愉快向上的心灵体验，呈现怀旧精神的积极面貌。

作品是一套包含产品设计、包装设计、字体设计、图形设计、视频创作的品牌视觉系统设计。该作品通过为现代年轻人的"爱情病症"设计相应的"处方药品"和"医疗方案"，并进行品牌视觉系统设计，由此向社会展示年轻人正在面临的恋爱问题，促进人们对当下年轻人情感状态的深入理解。

该作品旨在通过可视化食物营养成分表，以咬下食物的每一口横截面为切入点，将食物中的能量、蛋白质、脂肪、碳水化合物、钠等用现实中有的材料根据营养特性进行视觉模拟，让人们在享受美食的同时，更加了解食物的营养成分，实现健康饮食。

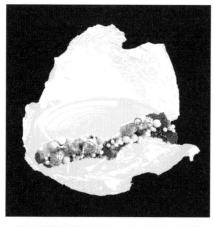

视觉传达
设计系

DEPARTMENT OF
VISUAL COMMUNICATION

李焓妍　　无隐

指导教师－王红卫

49

作品是作者自主编辑并设计的一本以禅宗思想为载体的书籍设计作品。内容上综合展现了禅文化的真理观、心性论与境界论。在作品的视觉风格上也尽可能地去表现禅意的空灵与洒脱。

作品经过跨学科的数据收集分析，基于保护珊瑚的理念，创造了一个虚构的理想化星球 THALASSAR 16-B，包括星球的生态系统、社会结构、生存规则、文字、珊瑚族群及其周围的生物，特别是其中 6 个赋予了 IP 属性的珊瑚人角色。作品运用了视觉传达、3D 建模等多种设计方法并辅以 AI 技术，综合应用不同多媒体手段进行创意呈现，探索了艺术在教育宣传中的创新形式和实践应用。作品旨在激发公众对珊瑚生态系统的关注和主动认知，传达了海洋生态保护的重要性和紧迫性。

"鸡娃"一词源于"激娃",指的是家长通过为孩子制定繁重的课内外学习任务,以求在竞争中获得优势而采取的一种激进的教育方式。随着教育内卷的加剧,有些家长盲目跟风,形成了一种"全民鸡娃"的社会现象。

然而,许多家长对教育的本质缺乏理性的认知,尚未认识到盲目"鸡娃"也可能带来一系列潜在问题。作品从"全民鸡娃"的社会现象中提炼了40个具有典型性、议题性的网络热词,通过创意字体的设计形象生动地展现每一个词语背后耐人寻味的深意;并以书籍设计《鸡娃词典》作为创意字体的应用载体,以40个热词为议题,从多种视角展示人们对教育的认真和态度,旨在帮助家长们从多种视角看待孩子的教育问题,帮助他们回归教育本质,并在一定程度上缓解教育焦虑情绪,促进健康、理性的教育观念的传播与实践。

作品以中国二十八星宿主题绘本，以《丹元子步天歌》为线索，深入挖掘古代星宿文化内涵，并探索传统与现代的融合表现手法。内容涵盖二十八星宿及其天区下的星官形象创作、中国传统色彩系统的运用；创新性地采用扇形裁切和经折装，形成 360 度圆环展示效果，模拟出完整的二十八宿星盘。

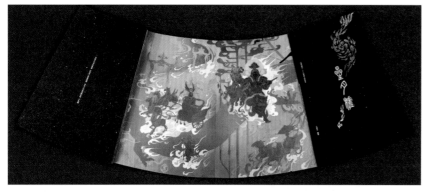

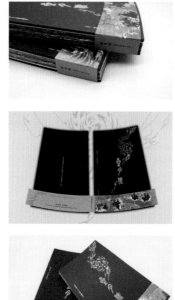
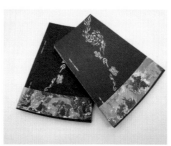

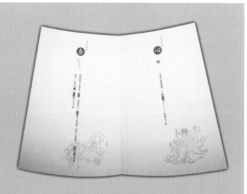

作品是对《九歌》文化与精神的溯源，也是表达古今一脉相承的共同夙愿。 作品整体将传统文化与现代审美相结合，创新演绎祈福文化。 创意插画设计以天神东君、云中君和地神山鬼、河伯两组对偶神为核心，凸显日月山河四大要素，表现万物互通、天人合一的哲学观，表达祈求福祉的美好寓意。创意字体设计依鸟虫篆而作，结合相关意象纹样形成装饰图案，蜿蜒俊美，灵秀飘逸，与插画相映成趣。

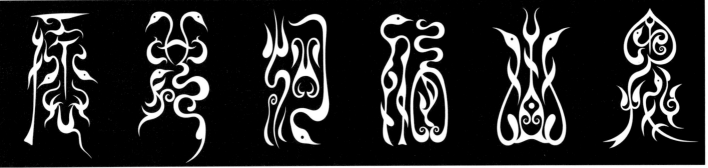

作品以加西亚·马尔克斯的小说作品《百年孤独》为蓝本，用经折装的长卷形式模仿文中的"羊皮卷"以传达小说内容，使用素描手法来表现画面，意在探索文本与图像之间的关系。创作过程包括文本梳理、绘本设计与绘画以及成品制作。最终成果为 29 幅绘画作品、一本经折装绘本以及一段动态画面视频。

用不同的苹果外形，分别展现大众印象中实际文本追溯后及作者
设想中关于禁果、毒苹果和苹果的故事。

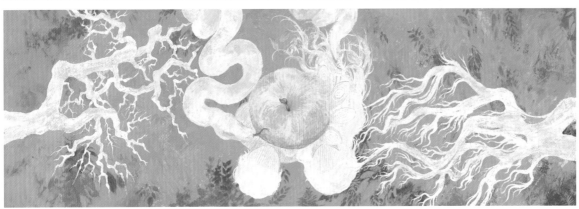

西夏王朝是中国历史上的重要组成部分，作为中国西北部的重要少数民族政权，党项民族自称山海民众，"山"和"海"都是他们诗歌创作中的重要元素。

作品以西夏时期的壁画、雕塑、文本为主要研究对象，总结出党项族与汉民族的共通处及差异性，发掘西夏文明的独特魅力，旨在探索西夏党项民俗主题在插画领域的应用可能。

作品将五禽戏设定为一个独特的舞会，并设计 5 个角色组成舞禽天团，带领大家一起动起来。

《舞禽》是对五禽戏的全新视觉演绎，是现代设计与传统文化的深度融合探索，希望通过这一设计，让五禽戏焕发新的光彩，走入更多人的生活！

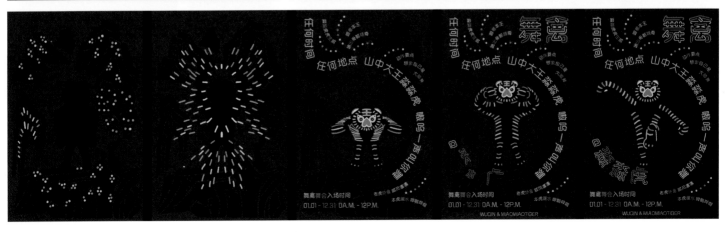

该作品通过对"火焰"的意义和精神进行提炼与重构，围绕着个人的解读，以不同的火焰形态与女性人物形象相结合，进行插图创作。借助斑斓跳跃的肌理表现生活的激荡与模糊微妙的情感，探索平面语言的表现性，形成系列作品的完整感以及视觉秩序的和谐性。

作品通过实时面部识别技术以及交互设计的方法来进行情绪的艺术表达。将视觉艺术和现代技术相结合，此作品可以捕捉观众面部展现的情绪，创造实时、多彩的视觉效果。这使此作品不仅是一种视觉体验，更是一种情感互动。

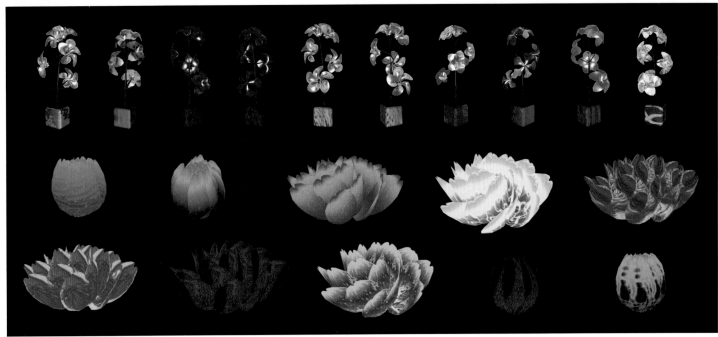

视觉传达
设计系　DEPARTMENT OF
VISUAL COMMUNICATION

李佳蓉　粉红星球
The Pink Planet

指导教师 - 王红卫

60

作者以粉红色的刻板印象为切入点，打造了名为粉红星球的 IP 形象。粉儿和皮皮居住在粉红星球上，粉儿象征以开放包容态度面对粉红色的人群，皮皮象征还未摆脱社会枷锁，无法实现自我认同的个体。他们看似八字不合，其实互相治愈。欢迎各位莅临粉红星球，做不被定义的自己！

粉色 Pink is Undefined 不被定义
Pink can be anything 万物皆粉 粉即万物
2024.06.14(Fri)—
06.27(Thurs)
If you like Pink, set it Free
喜欢粉色 无须解释
Welcome to the
Pink Planet
欢迎来到粉色星球
Copyright®fer
Design by Zabeth Lee

Happy Halloween
万圣节快乐

10.31
What do you call a ghost's parents? Mummy and Deady.
他们是别人 而你是我心里的鬼
fer
Copyright®fer
Welcome to the Pink Planet
欢迎来到粉色星球

粉儿 Fer 是快乐的 Pink 使者
Welcome to the Pink Planet
欢迎来到粉色星球
2024.03.25

粉色拥有无限可能
你我也是如此
Copyright®fer
Design by Zabeth Lee
If you like Pink, set it Free
喜欢粉色 无须解释
Welcome to the Pink Planet
欢迎来到粉色星球

皮皮 Pipi
是忧郁的 Pink 章鱼

2024.03.25

我不是讨厌粉色
只是讨厌被定义
Copyright®fer
Design by Zabeth Lee
If you like Pink, set it Free
喜欢粉色 无须解释

《缺·盈》书籍设计旨在探索"缺"与"盈"的关系。书籍通过视觉与文字的结合、富有象征意义的图形元素，传达"缺"与"盈"相互依存的概念。书籍结构中的镂空增强了页面间的联系，引导读者在阅读中体验到"缺"与"盈"的和谐共存，引发对生命本质的思考。

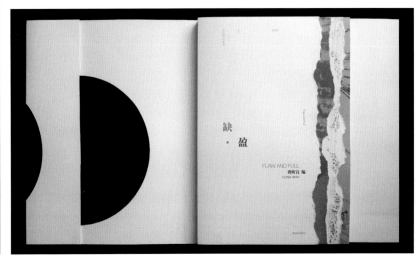

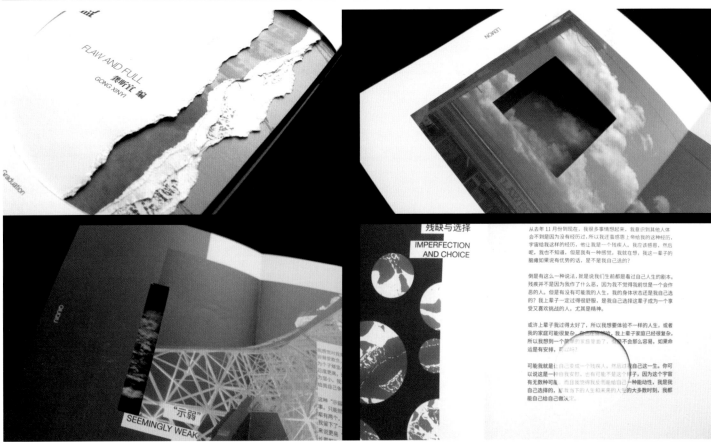

安顺地戏流传于贵州省安顺屯堡，是以武打与祭祀相结合的一种地方传统戏曲剧种。演员在戏中着面具，脸蒙纱，持兵器，具有极强的艺术特点与表现力，表演则具有强烈的时代与地域特征。作品将安顺地戏具有代表性的面具造型进行了提炼和图形重构，并在此基础上依据舞台表演特征设计动态图形，并进行了衍生设计与制作，形成对安顺地戏整体样貌的创新实践，意在给予观众全新的视觉体验。

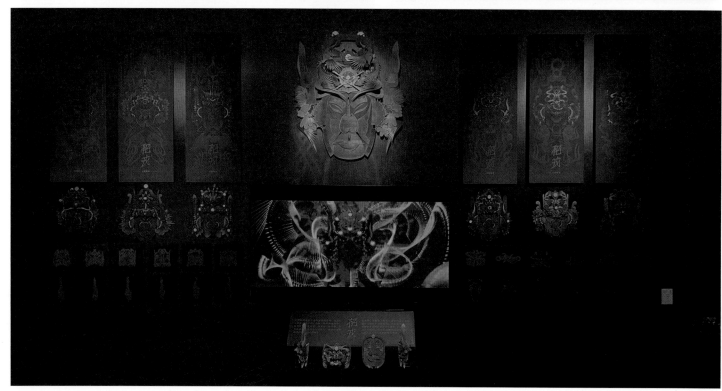

作品以"艳粉街"为题，分为"工厂与棚户区：艳粉回忆""彩票与拆迁：命运的阵痛""回迁与新居：朋友请你到艳粉来""结语：我们打个共鸣的响指"4 个章节，内容包含与艳粉街相关的网络评述、摘录散文、实景摄影等，书籍整体模拟档案袋的设计，将观者带入不同时期的故事背景中。寻求"翻阅文件"般的阅读体验。 作品从艳粉街出发，向大众展现了"东北文艺复兴"话题的一个独特视角，通过书籍的设计语言展现出东北地域文化的气质。

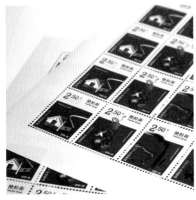

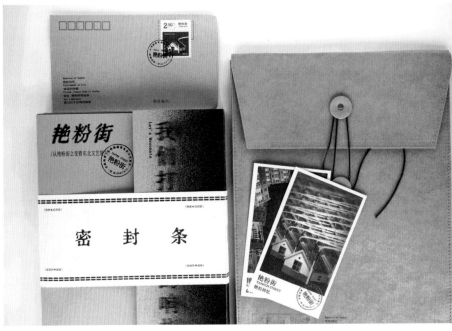

藏族人民在长期的社会劳动、生产生活中创造出宝贵的文化遗产，饱含着藏族的宗教信仰、民族习俗和自然风貌。随着社会、经济和文化的快速发展，藏族优秀的民俗文化、非物质文化遗产的传承与发展备受关注。作品基于对藏族婚俗文化的研究，围绕定亲、迎亲、结婚和回门 4 个重要婚俗环节，展开叙事性主题插画创作，旨在更好地传播藏族婚俗文化。

视觉传达
设计系
DEPARTMENT OF
VISUAL COMMUNICATION

卫茂淳   原初海乐土

指导教师－张柏萌

65

海是演化角度的生命起点。曾有假说认为人脑中仍存有早期生命
在原始海洋中生活的回忆碎片，而回归海洋则意味着退行至更加
简单纯粹的生命状态。 该作品为原创游戏《原初海乐土》进行
前期美术设计，跟随角色在梦中的废弃水族馆探索，在神秘海洋
生物的指引下不断发掘内心深处对原初乐土的向往。

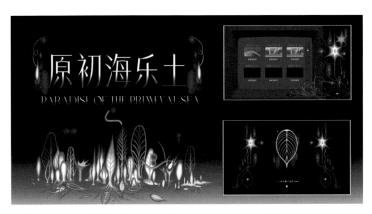

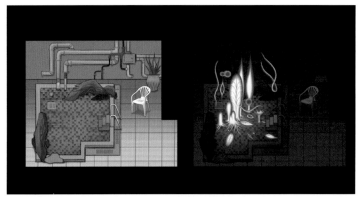

视觉传达
设计系

DEPARTMENT OF
VISUAL COMMUNICATION

卢翰轩　　因特兰蒂斯

指导教师 – 李德庚

66

该作品探讨信息过载背景下网络中数字废墟的存在状况及其所呈现出的当代隐忧，通过动态图形语言与视觉比喻的方法，表达着"去关注被个人所遗忘的数字信息及网络空间"的呼吁。

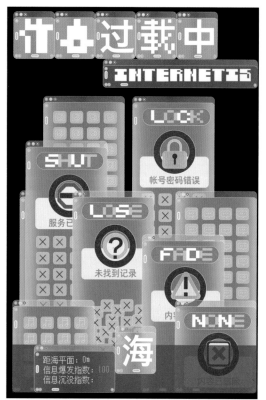

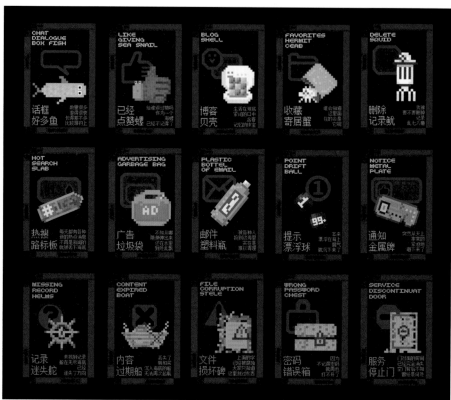

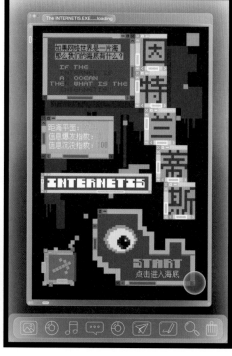

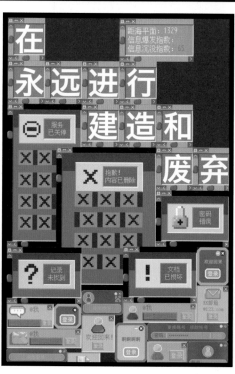

对于多版本古典名著网状结构下非线性阅读导引模式的设计探索，以金陵十二钗色彩系统为线索，以文人奇石塑造人物情节的抽象符号，通过数字阅读网页交互设计、艺术装置与图形语言，实现文本与读者间的随机穿梭，体会《红楼梦》特有的草蛇灰线、伏脉千里的非线性阅读感受，以及个性阅读的新惊喜。

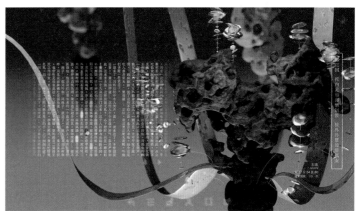

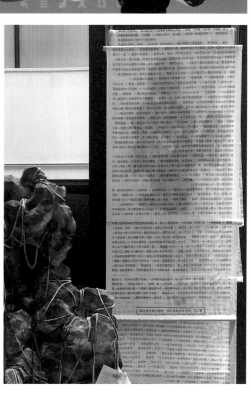

作品灵感来源于昆曲暗戏，作者通过分析解读昆曲暗戏的叙事方式，参考锦灰堆画面构图及组织形式，
探索中国传统昆曲艺术的现代视觉转译。最终作品以屏风和动态图形的方式呈现，并以配套书籍设计记
录总结作者的一系列设计思考与视觉实验。

晴丝
书籍
设计

该作品是基于纪伯伦的散文诗《沙与沫》的插图创作。尝试用嵌套的语言，传达诗歌"永恒"的主题与阅读感受，赋予原著以新的视觉体验。

阅读体验设计。通过拓片、印刷、文字和增强现实的互文，将阅读行为转变为"观览"，游于文字之山，得到关于传统美学"游物观象"的沉浸式体验。

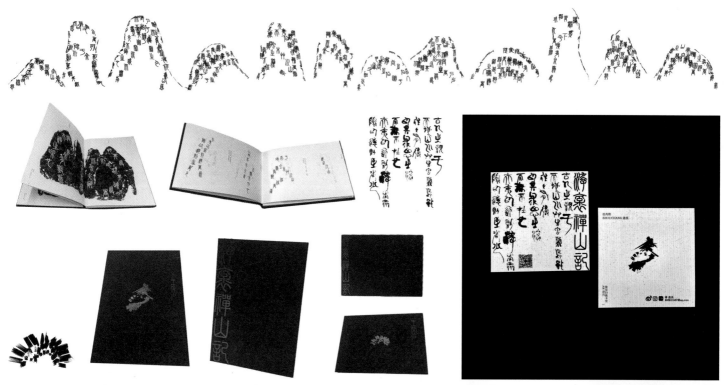

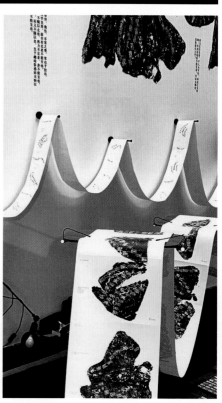

作品围绕重庆绰号这一独特市井文化现象，展开了深入的视觉设计实践探索。重庆绰号不仅是日常生活的一部分，也是城市文化的体现，但其视觉呈现方式目前较为单一。作品通过调研与分析，深入挖掘了绰号的文化内涵和社会意义，并基于可视化理念，通过平面展示、动态视频及书籍设计等多种形式，将重庆绰号转化为具有视觉冲击力和文化深意的视觉作品。设计过程中，创新性地采用模块化装饰组合图形设计策略，展现出独特的视觉美感。该作品的研究为地方文化的传承与创新提供了新的思路和方法。

该作品在关注人与自然的基础上，以传统的吉祥文化和人造盆景
作为讨论自然观的切入点。在制作盆景的过程中，人们寄托了对
自然的美好愿景，却忽视了在这个过程中对植物的限制。这让盆
景植物脱离了自然的状态。作品希望可以通过制作盆景的过程，
展现这种对植物的控制，并引发人们的反思。

OLD NEW 是一个二手置换生活平台，在提供置换服务的同时，
我们致力于将环保理念融入品牌视觉中，借用现成品艺术形式，
对品牌标识与符号设计进行新的尝试，并在环境保护的宣传工作
中发挥作用。 OLD NEW 将用户闲置物品进行收集和再生，打
造一系列概念符号以及文创产品。

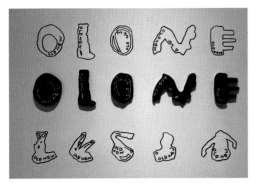

柏春霖　　　　黄兰毅　　　　魏雯丽　　　　唐珂

钟允　　　　　李禹霏　　　　曹佳宁

秦子惟　　　　鄢然　　　　　陈蕙如　　　　李文迪

侯雅元　　　　王越　　　　　莫玉珊

单丹妮　　　　吴昊　　　　　陈雨萌　　　　李玘璐

景兰婷　　　　王纯钰　　　　黎佳欣

刘群　　　　　白沁鑫

DEPARTMENT OF
ENVIRONMENTAL ART DESIGN

环境
艺术设计系

主任寄语

环境艺术设计系今年参加本科毕业设计展的共有 23 位学生，他们敏感而又大胆，尝试涉及新的领域，运用多样的表达手段，探索设计未知的边界，体验创作的快乐，虽然是一如既往的辛苦，但每个学生都收获满满。环境设计专业的特点使学生充满社会责任感，他们不仅完成作品，更要造福社会，从本届学生的作品中，能够反映出学生思想的多样，题材、手段的丰富，以及对环境问题的不同表达和对未来环境问题的思考。

CANDY CUBE 是为独居女性设计的家具，模块化的特点让使用者能够自由组合搭配家具，适用于各种生活场景。像糖果一样的方块可以拉开拉链打开进行储物，侧面的口袋和挂钩可以让使用者挂上自己喜爱的饰品，定制属于自己的个性化的家具。3 个异形抱枕可以让使用者以各种姿势拥抱、倚靠。

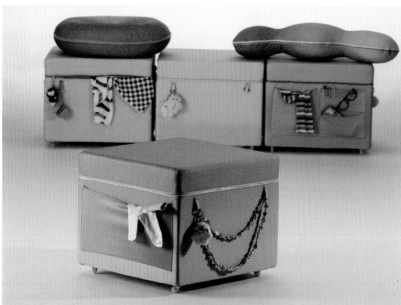

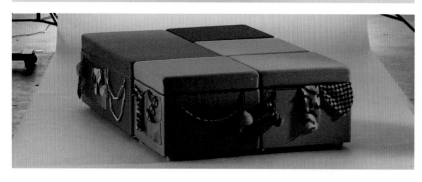

作品基于梅洛·庞蒂的"模糊"理论去探讨模糊化的设计手法在家具设计中的作用，通过
融合中国传统家具的圆凳、官帽椅、太湖石和花几这几个形式元素，最后由羊毛毡的工艺
制作出家具。

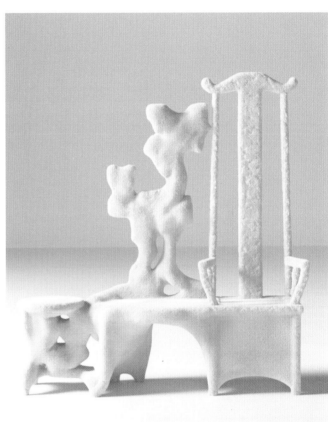

方案以燕郊镇的福城上上城三季小区作为景观设计干预的场地，探索在激增的儿童情感问题的背景下，景观设计师应该如何巧妙地融合情感与空间，使城市留守儿童的情感淡漠与陪伴缺失问题在中国城市化进程中得以消解。在面对情感问题的景观设计时，将抽象的主观感受系统地、合理地量化成研究数据是后续设计的重要奠基，通过设计手段纾解儿童发展而产生的不同情感需求，从而更全面地应对未来挑战。

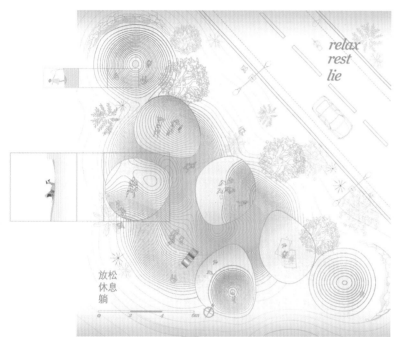

relax
rest
lie

放松
休息
躺

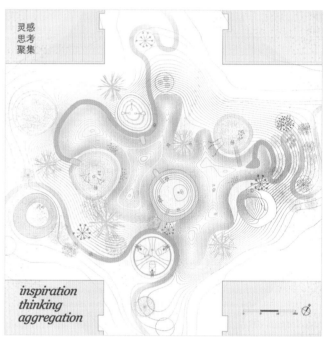

灵感
思考
聚集

inspiration
thinking
aggregation

Emotional Park
基于情绪映射的城市留守儿童口袋公园设计

梳直与梳卷是基于校园人际交往的家具设计实践。两款椅子的形态是根据"云卷云舒"中所描绘的状态来设计，分别体现了端正与休闲两种情况下的坐姿状态，为不同社交场合提供选择。

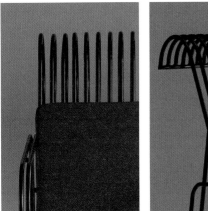

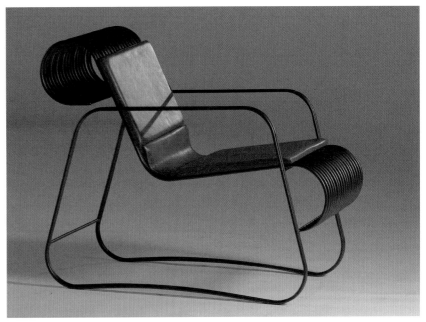

该方案以施琅故居改造为例，用虚实结合的设计手法改造文化空间，并设定昼夜交替的模式。在白天，空间能满足人们基本活动需求；在夜晚，将虚拟元素叠加在实际空间之上，从而创造出一个全新的体验空间。

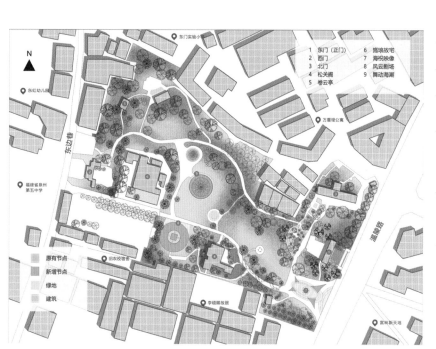

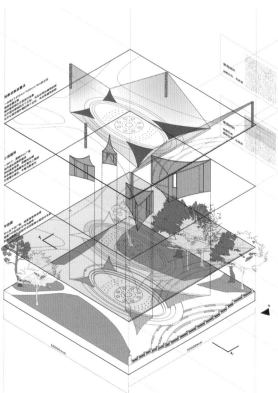

该方案就规划内蒙古非遗酒店空间提出非遗文化在空间中运用的
纹饰、色彩、行为体验、材质等思路与设想，在传承与创新的双重
驱动下寻求非遗文化的历史传承与现代化酒店特色文化间的平衡。

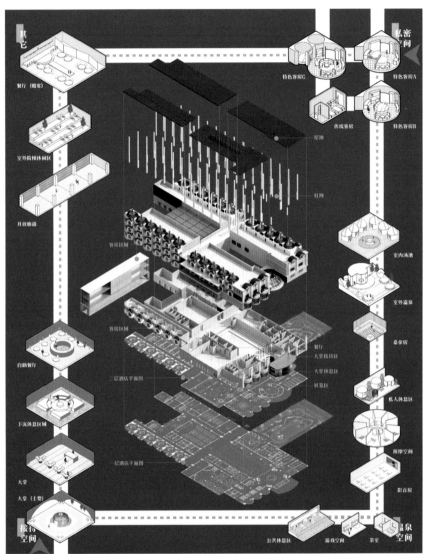

该酒店坐落于洛阳龙门石窟对岸的山坡上。为了契合洛阳的历史文脉及文化元素，作者将酒店的主题设定为"四时有序，万物循生"，灵感来源于中国传统的二十四节气。在酒店的整体布局上，根据中国传统"五行说"及"五色观"的规律，将春夏秋冬依次在酒店的各个方向上演绎四季的不同个性，希望宾客置身其中感受到四季的流转和非凡的感官体验。客房则根据二十四节气的特点分别进行色彩、材质、陈设上的设计，以诠释各个节气主题。希望通过这样的设计，让宾客在享受舒适的住宿体验的同时，也能深刻感受到中国传统文化的韵味和节气变化的美妙。

"Episodic"意为偶尔发生的、不定期的故事，也指代片段的剧集。"Doppelganger"在德语中的意思是"两人同行"，也就是"二重身"，它描绘了自我身份的丧失，"自我的双重、分裂和交换"。"墙"是二重性影响下为社会学剧场提供舞台的边界架构。 在偶发式的二重交换间，去演员化的片段剧在两个迥异社区的临界点上演。两个维度在此相遇交汇：表与里、实与虚、临时与永久、"我"与"你"。在北京751厂转型的新时代下，旧厂区居民区的住户与新的年轻化时尚社区中的生产消费群体形成了"二重身"：过去与现在的两个"园区主人"的自我的交换。对自我的二重身的讨论，就是对归属感两面性的讨论。 设计通过拟剧论的方法，以"归属感"为设计需求的核心，以提供归属感的"箱庭"为设计方向，为边墙植入互相呼应的8组箱庭式生活娱乐功能区，对"墙"作为社区物理边界的含义进行深入探讨。

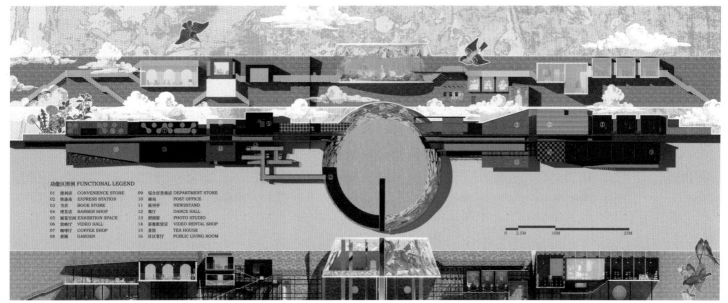

功能区图例 FUNCTIONAL LEGEND

01	便利店	CONVENIENCE STORE	09	综合百货商店 DEPARTMENT STORE
02	快递站	EXPRESS STATION	10	邮局　POST OFFICE
03	书店	BOOK STORE	11	报刊亭　NEWSSTAND
04	理发店	BARBER SHOP	12	舞厅　DANCE HALL
05	展览空间	EXHIBITION SPACE	13	照相馆　PHOTO STUDIO
06	放映厅	VIDEO HALL	14	影像租赁店 VIDEO RENTAL SHOP
07	咖啡厅	COFFEE SHOP	15	茶馆　TEA HOUSE
08	庭园	GARDEN	16	社区客厅　PUBLIC LIVING ROOM

0 2.5M   10M   25M

本方案的主要理念是以多个维度的时空分流节奏消解高密度住宅区剩余空间的消极属性，结合重庆独有的山地文化，以口袋公园的形式在建筑之间形成连续、立体的有机留白。

阳光洒落的台地花园

4月26日 晴 16: 20

雨霁初晴的阴生花境

8月2日 雨转晴 14: 57

晨雾弥散的漫游步道

0月17日 雾 07: 55

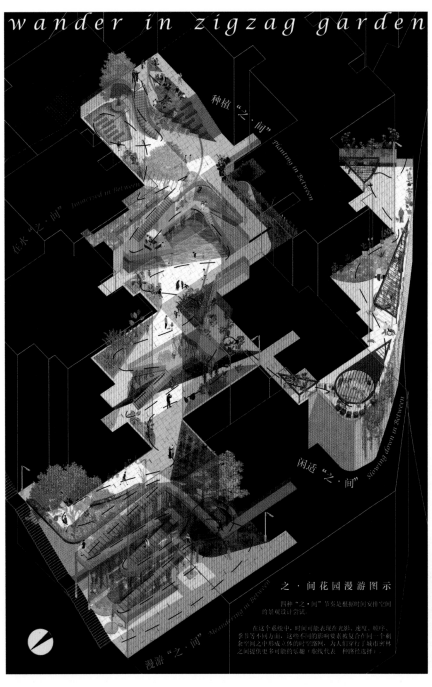

wander in zigzag garden

种植"之·间" *Planting in Between*

闲适"之·间" *Slowing down in Between*

漫游"之·间" *Meandering in Between*

之·间花园漫游图示

四种"之·间"节奏是根据时间安排空间的景观设计尝试。

在这个系统中，时间可能表现在光影、速度、顺序、季节等不同方面，这些不同的影响要素被合并一个剩余空间之中形成立体的时空路网，为人们穿行于城市密林之间提供更多可能的乐趣（虚线代表 种路径选择）。

环境
艺术设计系　DEPARTMENT OF
ENVIRONMENTAL ART DESIGN
陈薏如
偶来成独坐，风度煮茶声
——非遗茶文化主题酒店
设计
指导教师 – 李飒
85

本项目意在将非遗茶文化与酒店设计结合，深度融合非遗体验与文化旅游，以非遗茶文化提升酒店的空间品质。用酒店作为宣传非遗的窗口，续写非遗文化精神，探索中华传统文化创新型发展的方向。非遗茶文化主题酒店设计策略包括主题概念的建立、多样化功能空间的组织、游走流线的引导、特色空间细节与符号的使用等几个方面，以营造整体空间氛围全方位展示非遗茶文化，带动地区文化旅游发展。

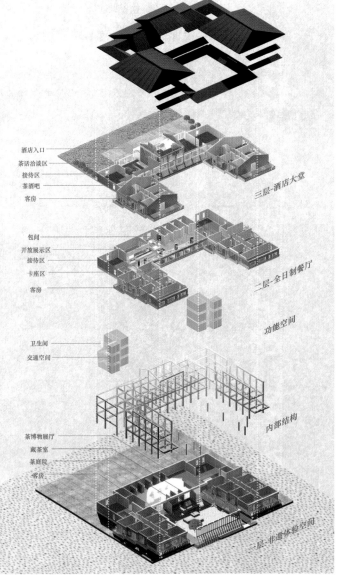

酒店入口
茶话洽谈区
接待区
茶酒吧
客房

包间
开放展示区
接待区
卡座区
客房

卫生间
交通空间

茶博物展厅
藏茶室
茶庭院
客房

三层-酒店大堂

二层-全日制餐厅

功能空间

内部结构

二层-非遗体验空间

设计的目标是打破残疾人士居住空间的刻板印象，残疾人士的居住空间不应仅仅是功能性的存在，而应该是充满温暖、个性和创新的生活空间，因此，作品在无障碍的基础上设计出带有住户个性的空间，令空间具备无障碍功能外，还可以呈现出舒适、美观以及个性化的友好型居住空间。

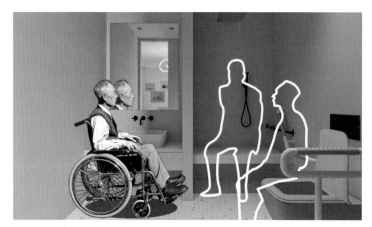
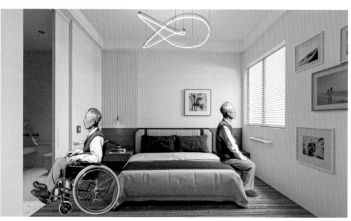

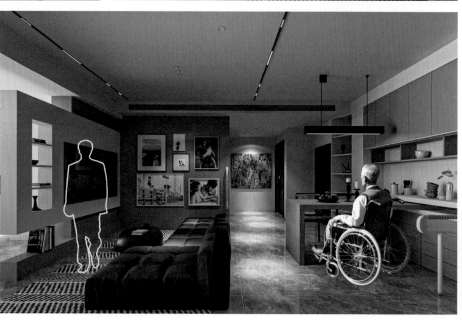

听觉，是链接世界与人内心情感的桥梁，声音在情感化设计中起到至关重要的作用。然而，声音元素在家具设计中的作用颇为罕见。因此，作者尝试将家具作为人与声音互动的媒介，抓住乐器结构与家具结构的共性。选择声音清爽愉悦、结构可塑性强的乐器与家具结构进行组合式创新，通过以听觉为主的情感化设计，加强人与家具、人与人之间的情感联结。

通过对北京宣南地区中山会馆、粤东会馆和东莞会馆进行研究，探讨"岭南"会馆的历史背景、现状及其在当代社会中的功能定位。通过文献研究和实地调研，梳理会馆历史背景、起源和保护现状，提出当前保护与修缮工作中的成效与问题。

结合《潮汐图》的叙事结构、叙事主体和叙事视角分析，以"透明"为概念，运用嵌套、并置、叠加等方法，试图以现代建筑语言，将传统岭南建筑元素植入会馆遗迹，实现历史与现代的交互，增强会馆的戏剧性、可持续性与社会影响力。

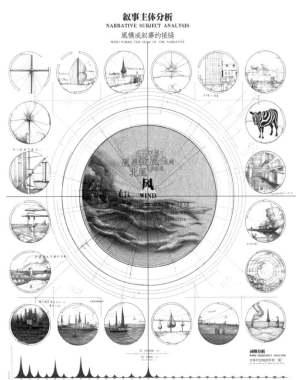

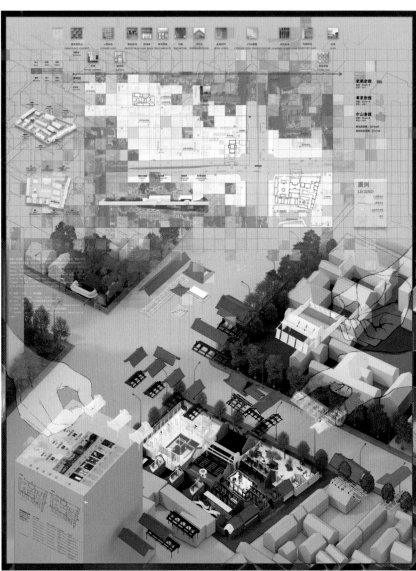

在城市化的进程中，自给自足的农耕生活方式逐渐淡出了城市地域，城市中的消费者们难以接触食物的生产过程，对于食物的溯源变得困难。与此同时，随着我国城市化由扩张阶段转向精细化发展，城市更新面临着质量提升的挑战。在此背景下，食物都市主义成为众多学者提出的反映城市与农业之间问题的设计理念之一。本设计选取西安市尚德映巷这一已进行过更新改造的场地，将食物都市主义作为不止一种设计理念和方式的指导，更使一种更可持续的生活方式融入设计中。

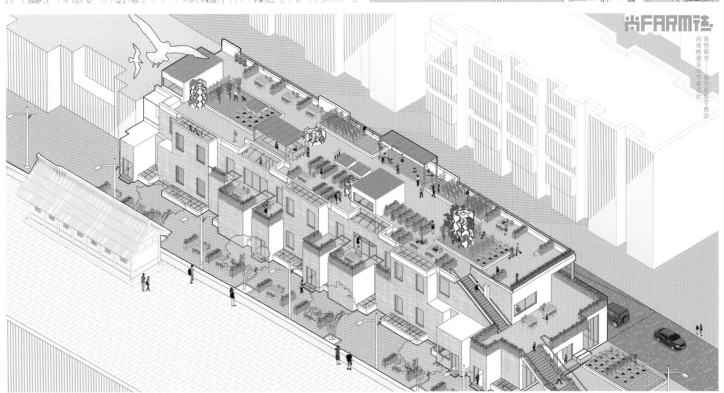

2006 年，麦当劳在中国推出第一批 24 小时餐厅。同年 12 月，
有媒体报道了麦当劳餐厅的两种状态——白天，人们在麦当劳举
办生日派对和书友会，亲子乐园充满了孩子们的欢声笑语；夜晚，
当餐厅里的音乐戛然而止，这里变为了夜居者们的家。本设计从
当代城市"麦当劳夜居"的社会现象出发，基于田野调查中得出
的夜居者需求，结合历史与现实中的相关设计原型，构建了 4 个
新型城市设施，为未来的城市游牧者创造"家"的空间可能性。

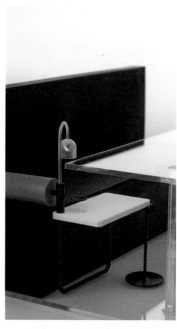

伴随大规模的城市开发和高密度城市商务区的发展，工业建筑的建设好像成为一种"边缘现象"——人们总是将它们视为安放专业设备的简陋、冰冷的外壳。工业建筑在未来城市的发展趋势中所占的比重毋庸置疑会逐步增加，工业园区和产业园区的建筑与基础设施会对塑造整个城市起到重要作用。变电站作为点亮城市的重要工业设施，肩负着提供功能性空间意义的同时，也肩负着提供充满活力的生产环境与建立友好型城市的重任。本方案以中北变电站设计为例，着眼未来，旨在发散工业建筑面貌的可能性，探讨工业建筑与城市生活的关系。

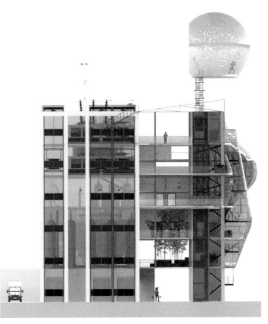

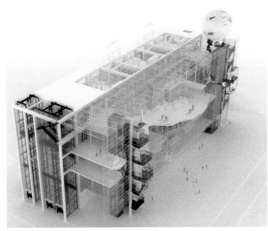

方案以加缪所著《局外人》中孤独异化等核心主题为依托，展开文本分析，阐释文本情感与空间设计的深层关联，在北京烟袋斜街构建空间装置，通过具有功能的装置空间提供多个维度关于叙事与作品的理解，设置一系列"低欲望"的空间交互装置，旨在创造能够引导使用者体验心灵自由的休闲角落。

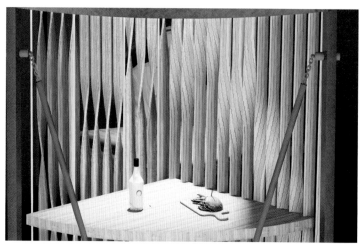

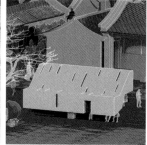

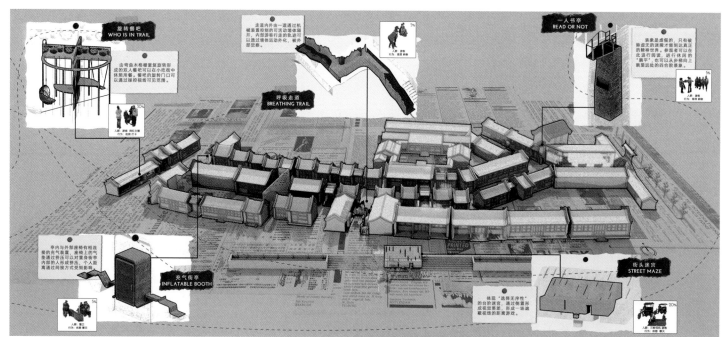

公共艺术介入乡村，以贴近生活的艺术作品为载体，塑造文化景观，传播乡村文化，提升乡村风貌，加强精神文化建设。"集"体现当地的赶集文化，将街上的一座危房改建为一处记忆的集点。收集村民家中旧物改造成艺术作品，再由村民挑选感兴趣的物件带回家，形成一种物物交换的集市氛围。

西安尚德·映巷商业街区是于 2021 年建立的以联排别墅为主的商业区域，但是一系列影响导致了第一次更新的失败，尚德·映巷商业街区迫切需要更新再更新，以新的视角来激发商业活力。 通过三幕式结构、嵌入与改造的手法将新型剧场综合体嵌入原场地中，将传统戏曲表演拆分为三个不同类型的剧场，分别为街头剧场、镜框式剧场、浸没剧场，并通过剧场之间的转场表演将演员、观众、商业空间结合起来，利用场地天然优势，使尚德·映巷商业街区成为西安火车站的功能延伸，填补游客在火车站中的空白时间。

方案希望通过马帮文化和重庆山地城市地域文化共同的空间——立
体游廊，来帮助黄桷垭老街重新找到和传统的马帮文化、山地地域
文化的联系，并借此空间的加入来为老街引入现代活动，提高老街
生活品质。

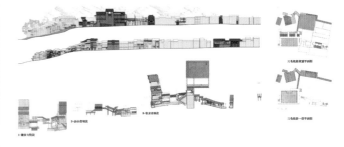

为了更全面且更具渗透性地诠释卡夫卡的文学《变形记》，这个叙事性建筑被定义为沉浸式的体验空间，以文本主人公格里高尔的精神世界作为叙事性空间设计和建造的主题，由此得名"格里高尔的心灵迷宫"。作为一个公共性建筑，它是一个精神场所，在此漫游时人们可以强烈地感知格里高尔的心境或是能作出更多发散性的情感共鸣；它也是一个艺术表达，营造诗学的建筑是对哲学和艺术的一种实践。

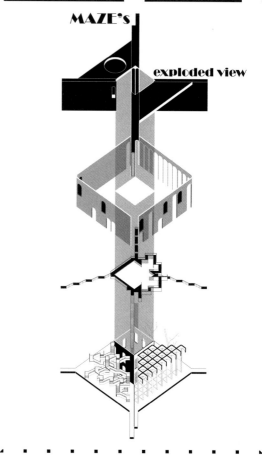

在城市更新与可持续发展的背景下，该方案着重在创意集市中实现
物质与文化的循环利用。通过设计一套系统化的循环利用机制，将
文化活动中产生的废弃物和剩余物质转化为功能性和装饰性元素，
重新融入集市和社区的日常环境中。通过这些材料的重新利用，居
民和游客可以参与到空间的设计上，共同塑造可持续的未来。

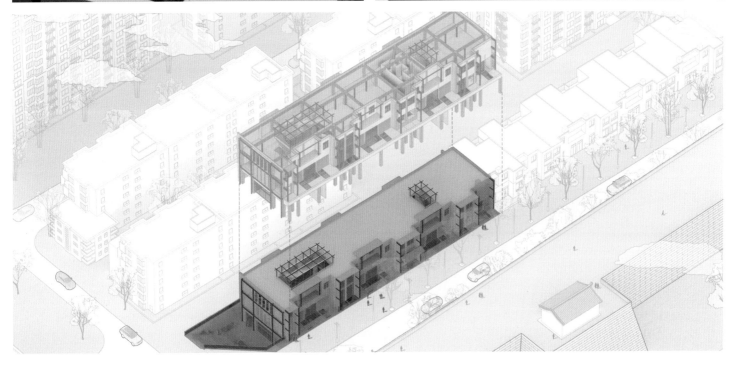

"大地之上可有尺规？绝无！"就像荷尔德林在诗中所说，"只要良善和纯真尚与人心相伴"，这便是人的尺规。本次设计初步研究了尺度的来源和本质，并重新根据旧工厂的尺度进行设计，将美术馆的功能置入新的尺度。

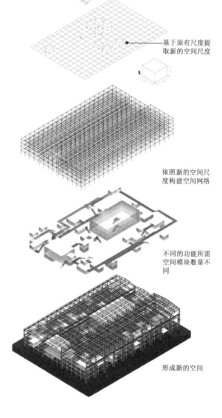

旧工厂平面尺度

基于原有尺度提取新的空间尺度

依照新的空间尺度构建空间网络

不同的功能所需空间模块数量不同

形成新的空间

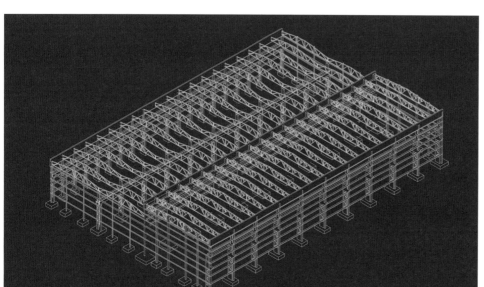

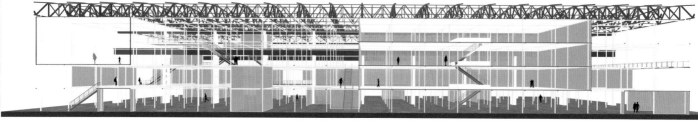

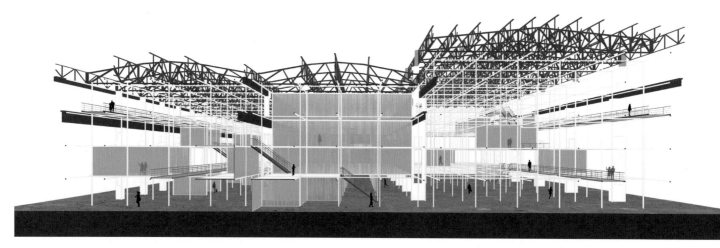

刘彤贺　　　　　况禹疏　　　　　贾惠煊　　　　　刘浩辰

郭雯静　　　　　周清玥　　　　　粟艺薇

王安南　　　　　李苒晴　　　　　张蕊琳　　　　　何朝政

杜霖杉　　　　　汤琮雯　　　　　刘泽平

丁一桐　　　　　袁艺桐　　　　　张月吉　　　　　张思琪

李奕巧　　　　　王可忻　　　　　钱若琛

王宇梁　　　　　王禹洲　　　　　谢亦安　　　　　梁雯琪

高敬迪　　　　　邱瑞翔　　　　　唐嘉祎

DEPARTMENT OF
INDUSTRIAL DESIGN

工业
设计系

主任寄语

人生是一场长跑，一路上的风景迷人而又充满了挑战。在无数难忘的片段当中，毕业季就是其中挥之不去的一笔。

无疑在同龄人当中你们是幸运的，在人生最美好的年华相遇在美丽的清华园，四年的时光你们通过专业基础课程、社会实践、国际交流、团队合作甚至是跨专业协作的学习经历，用共同的努力一起播种梦想，把勤奋、友情、欢乐和收获留在了校园的每个角落。我相信在清华园学习生活的这份珍贵记忆会温暖你们的一生。

共同的努力铸就最美好的明天。很多年后，你们会把这个夏天叫作"那年夏天"，那个充满最美丽、最灿烂回忆的夏天。

设计通过结构创新和设计优化，探索未来全地形车在用户体验等
方面的发展潜力，实现具有更多功能和更高适应性的模块化多功
能全地形车，以满足更多样化和个性化的需求。

工业
设计系　　DEPARTMENT OF
　　　　　INDUSTRIAL DESIGN

况禹疏　　旅游观光飞行汽车造型
　　　　　概念设计

指导教师 – 张雷

103

"KAYAK"是以"旅游观光"为目的设计的一款载人概念飞行汽车。通过可折叠、可收纳的特殊飞行部件实现其地面驾驶与低空飞行双模式的顺利切换；用背靠背式双座内饰布局设计为景区观光的旅客提供舒适而新颖的乘坐体验。

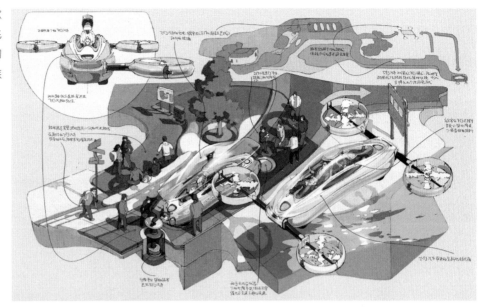

设计的主要目的是为存在骨骼疏松、肌少症等疾病或生理机能减退状况，需要借助工具或他人帮助完成日常生活行为的轻度行走障碍老年人设计一套居家使用的辅助设备，在兼顾居家移动辅助与起坐辅助两种基本功能的同时满足其他使用需求，使得该老年群体可以在家中自由且安全地行走活动，维护老年人自身尊严，尽量避免跌倒等意外情况给老年人带来伤害，同时也缓解其家人与社会对该老年群体的陪护、看顾压力。

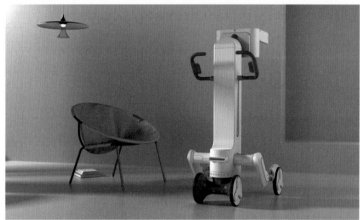

工业
设计系

DEPARTMENT OF
INDUSTRIAL DESIGN

刘浩辰　梅赛德斯 – 奔驰 AR 汽车博物馆

指导教师 – 周艳阳

105

传统汽车展厅的展示方式已经无法全面展示汽车的各类信息。设计意在将扩展现实技术融入汽车展示领域，以奔驰博物馆为载体，规划了实体展厅空间，并设计了虚拟观展的流程，辅助实体展厅展示更多展车的相关信息。

AR Scene

虚拟交互界面与动效
Virtual Interface Animation

关注年轻人的情绪问题，以情绪疗愈为切入点，探索基于大脑信号的交互设计，结合艺术与科学，提出缓解焦虑、提升幸福感的新方案。作品包括实体羽毛开合花装置和虚拟屏幕交互部分，将根据用户大脑信号实时互动反馈，辅以声音、气味、光影等多感官体验。作品主流程是集中注意力许愿实现花朵绽放的视觉效果，利用暗示法则、自我验证理论等加强情绪正向引导。同时给予用户更多隐藏的交互反馈，提供自由度和惊喜感。初步测试显示，装置有效吸引用户参与和持续互动，帮助用户实现情绪放松和正向激励。

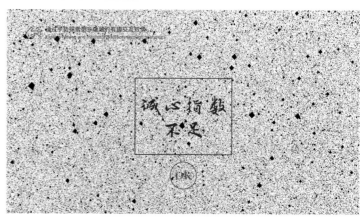

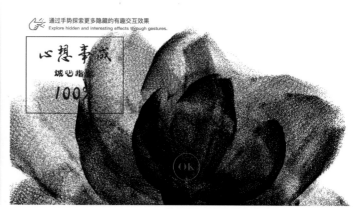

随着时代的变化，社会不断进步，人们的思想也随之而变，自然与工业存续失衡，保护珍稀物种以及生态环境维护成为重中之重，朱鹮保护成功案例对世界生物多样性保护具有重要借鉴意义，因此设计基于地球生物多样性的价值与意义，以保护和提高生物多样性的科普展为主要目的，通过寻找问题、分析问题，针对展示受众群体，提出本次展示设计创新理念。

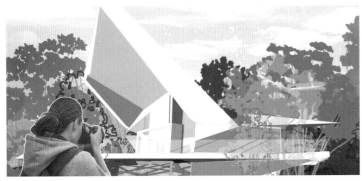

工业
设计系　DEPARTMENT OF
INDUSTRIAL DESIGN

粟艺薇　基于长江水生物多样性的
科普展示设计

指导教师 - 刘强

108

设计以长江水生生物多样性为研究范围，以珍稀水生物为重点科普研究物种。通过文献整理等方法收集对应物种的科普文本划分出展示空间的各个区域主题，其次根据问卷调研数据得出展览主要受众，之后挖掘各展示设计的布展思路，最终得出设计结果。

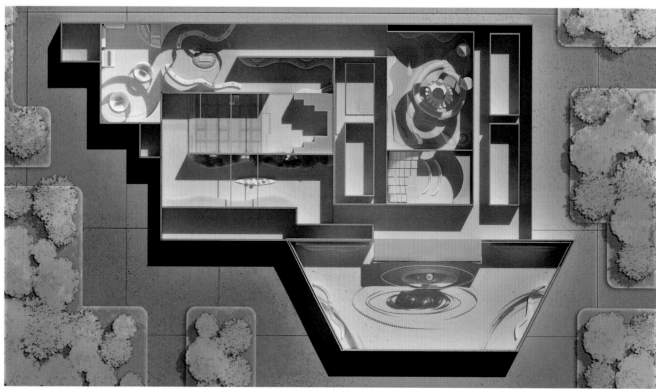

为了实现太空农业自我循环系统的构建，满足火星等行星的长期居住需求，该太空农业系统概念构建了一个穹顶建筑模型，其中，可利用无土栽培栽培植物，借助营养液循环技术实现模块化栽培床养植，使资源运用充分、环境恒定。除此之外，还研究了太空农业中为作物提供生长所需的种植单元内部水循环和空气再生两个基地内部的生态系统，并设计了多个农业基地以模块化的形式布置在火星,实现资源循环和碳循环，保证人类在太空的长期生存。

该设计是基于多头绒泡菌网络结构研究的智能柔性脊柱矫形器。
运用生物结构模拟的方法并进行了参数化的结构设计，实现柔性
可动的脊柱矫形功能，与躯干运动同步协调，提升穿戴者的生活
质量。

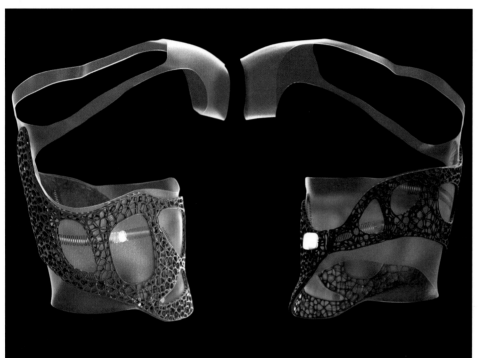

工业
设计系　DEPARTMENT OF
INDUSTRIAL DESIGN

张蕊琳　基于动态表皮模块研究的
气候适应性登山篷房设计

指导教师 - 陈洛奇

111

该设计将动态表皮模块与营地篷房形式融合，通过调节表皮性状改变内空间的冷热负荷状态，实现内环境恒温保暖、通风换气以及能源利用三方面的环境响应式自动控制，构建"环境—设计—人"三者贯通的体系，优化使用体验，保障登山者的生命安全。

工业
设计系　DEPARTMENT OF
INDUSTRIAL DESIGN

何朝政　基于海水原位制氢技术的
海上风电制氢设备设计

指导教师－蒋红斌

112

当前全球各个国家致力于碳中和的能源改革，发展清洁的可再生能源是其中一大重要举措。海上风能因为其庞大的风能储量受到重视，而如何将深远海域的风能储存下来并运回陆地，利用风电制氢是其中一种重要方式。基于此，该设计结合当下最前沿的深圳大学海水原位制氢技术和上海交通大学镁基固态储氢技术，尝试设计一套海上风电制氢设备，试图解决当下海上风电的消纳问题，即用不能并网的风电进行电解海水制氢，并储存下来，构建了海上风电制氢设备的技术组成、安装流程和主要方法、产品运行逻辑、后期维护方式等框架。最终此产品既为解决近海风电消纳的问题，又为开发深远海风电提供一种新的借鉴思路。

产品将传统芽菜种植装置需要大量手动操作或者使用电能驱动结合大量手动操作的模式进行彻底重新设计，利用种子生长力驱动芽菜种植装置自动运行且种植过程中只有播种、注水操作以及芽菜收获，中间不需要人为频繁浇水和清理等手动操作，并采用特定材质与形态设计，使该产品在不依靠外部能源的情况下，仅依靠种子的自然生命力即膨胀力和生长力自我驱动运行。

现代人从未放弃在钢筋水泥所筑的居住空间中寻找自然，光影与
每个人关乎时空和自然的共有身体经验相联系。
该设计探索了光影在人与产品的交互中经由身体、意识感知的方
式，在交互投影时钟产品的设计中体现人文关怀。

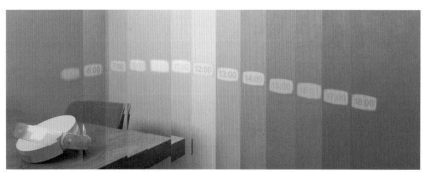

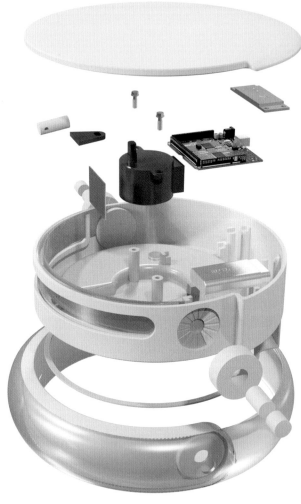

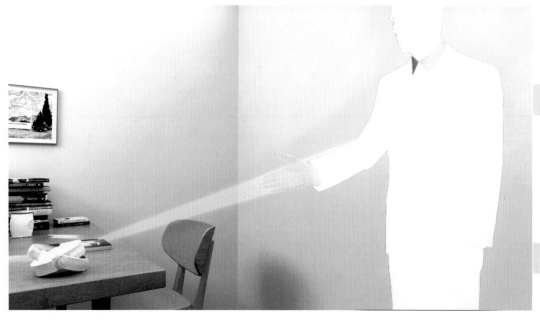

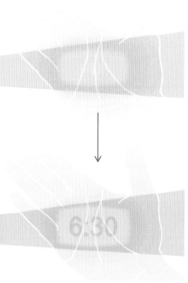

工业
设计系

DEPARTMENT OF
INDUSTRIAL DESIGN

刘泽平

玉弓面向我国载人登月计划的月面
多功能平台

指导教师－马赛

115

随着我国载人航天技术的发展，载人登月计划逐步被提上日程。我国已经实现的探月工程中积累的技术和经验，将为载人登月提供实际的技术参考。我国月球探测的下一步目标将是建立国际月球科研站的同时实现载人登月，最终实现人机联合探测。月球车作为未来月面探索的重要设备，是月面设备搬运、人员移动、建筑搭建的重要载体平台，该设计通过对国内外月球探索任务的研究，分析我国载人登月计划和探月工程四期中国际月球科研站的建设计划未来可能产生的联系，创新性地提出了将建设国际月球科研站基本型的无人月球车加入其他模块组成载人月球车，围绕着国际月球科研站建设的工具需求和将无人月球车有人化这两个核心诉求，对国内外月球车技术路线进行了系统的梳理，结合登月成功案例、新兴技术与工业设计方法，希望对两个核心诉求提出一个解决方案，即采用统一的月面运载平台，将不同的功能需求归纳整理，形成六个挂载在平台下的充电、搬运、挖掘机／推土机、载人、激光月壤熔融和起重机功能模块，构建一套涵盖技术构成、安装方式、运行逻辑、运载流程、功能区分的月面多功能平台，为我国载人登月计划和探月工程的设计提供思路参考。

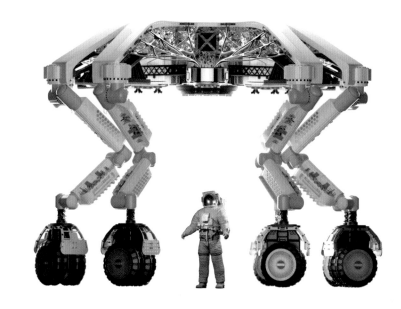

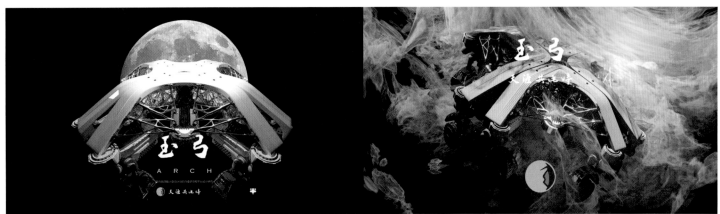

工业
设计系

DEPARTMENT OF
INDUSTRIAL DESIGN

丁一桐　针对睡眠呼吸障碍的多导
睡眠监测产品及服务系统
设计

指导教师 – 王国胜

116

以鼾症为代表的睡眠呼吸障碍疾病 (SDB) 本身危害性大，患病率高，但民众重视度低。多导睡眠监测仪 (PSG) 通过对脑电、眼电、胸腹呼吸等参数的监测记录来帮助患者确认 SDB 的具体疾病分型。本设计基于 II 级 PSG 的研究和探讨，构建起更加高效可及、家医联动的 PSG 服务新模式，同时提高产品的舒适度和易操作性，使得患者能够在家中完成 PSG 产品的科学佩戴和使用，实现 PSG 的居家化。

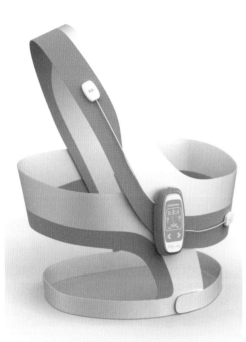

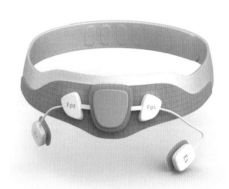

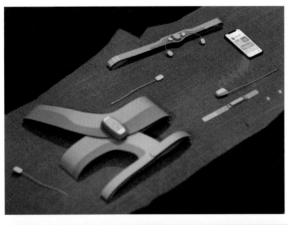

工业
设计系

DEPARTMENT OF
INDUSTRIAL DESIGN

袁艺桐

DELUGE SUCCOUR
——面向城市洪涝灾害的
水域医疗救援系统设计

指导教师 – 赵超

117

该研究与设计围绕公共危机与公共卫生危机视角下城市洪涝灾害场景中的医疗救援需求，以设计学为纽带，探寻其与现代医疗急救、管理学、工程学之间的关系。DELUGE SUCCOUR 是一套面向城市洪涝灾害的水域医疗救援系统设计，包含水域医疗救援平台载具、水域救援转运艇、近岸物资转运站 3 件产品设计，设计系统根据 ESEIA 流程优化法，以分离—结合的产品结构转换过程，满足水域救援—医疗急救—人员转运—物资补充 4 阶段的设计需求；该设计通过功能整合的手段，以水域载具为载体，构建水上医疗救援场景。通过对水域救援艇、人机工学担架、液压起重结构、手持类医疗救援设备、AED、注射与外伤包扎用品、伸缩救援平台、近岸物资转运站等产品结构的设计，致力于提升灾难现场的救援与医疗效率，构建全新的灾难危机语境下的水域医疗救援产品。

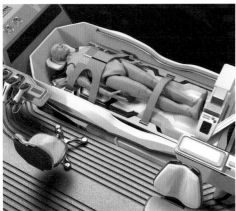
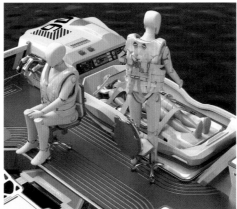
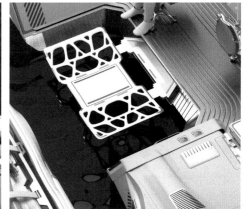

工业
设计系　DEPARTMENT OF
INDUSTRIAL DESIGN

张月吉　优化机组人员体验的加压
月球车概念设计

指导教师－马赛

118

该作品为一款支持两人使用的，能够移动居住一周左右的小型加压月球车，通过对月球车上机组成员工作及生活的行为进行研究分析，优化月球车外观形态及内部布局，从而提升机组成员工作效率与生活体验。

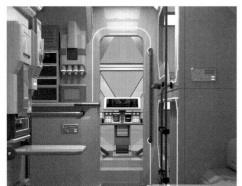
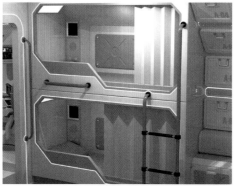

中国古代水利文化包含大型水利工程的建设和日常生活中水力机
械的应用，是中国传统文化的重要组成部分。该作品从解析都江
堰水利工程原理作为设计切入点，结合对引水灌溉用水力机械的
结构研究，通过理解都江堰治水灌溉的叙事逻辑，将水利工程原
理和水力机械结构转化到学龄前儿童户外娱乐设施设计中。此设
计旨在让儿童在游戏互动中了解中国古代水利文化和相关机械原
理，从而达到寓教于乐的效果。

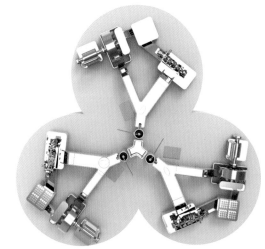

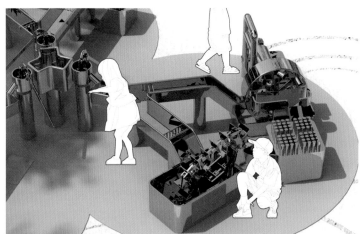

智能仿生蓝藻清洁机器人以水母动力仿生机械结构作为驱动系统，以自吸式水域清洁设备为模板，通过模仿水母上下钟脉动喷射及形成漩涡环的运动，实现吸食并储存水面藻类的功能。该仿生驱动模式能够适应水深较浅、流速较慢的水体环境，以最低能耗和最小环境侵扰完成清洁回收任务。该产品能完全依赖太阳能和风能供能，适用场景为内陆城市水体或中小型湖泊，满足未来科技产品环保节能的需求。另配备卫星遥感监测、远程遥控、增氧曝气、水质监测、夜间灯光等功能。通过主动遥感监测识别水域蓝藻分布情况，并精准移动到漂浮物密集区域进行作业。同时，在夜间可自主返回位于下风口湖岸的回收基站，解决了现有水面清洁设备回收效率低下的问题，具备高度智能化和多功能属性。

对于处在心智发展阶段的青少年群体，刻板印象威胁的影响是多方面的。该设计基于艺术疗愈中的创造性表达理念，旨在为青少年设计一组刻板印象干预产品，以产品作为媒介，渐进式地引导用户缓解压力，加强自我肯定。

工业
设计系　DEPARTMENT OF
INDUSTRIAL DESIGN

钱若琛　城市中以自然元素为主题的
可移动儿童游乐设施设计

指导教师 – 范寅良

122

该设计提取"水"和"木"两种自然元素的形态，将其抽象化表
达融入城市中的儿童游乐设施。为适应城市中复杂的场地环境，
采用集装箱式可移动的设计模式。旨在为缺乏接触自然机会的城
市儿童创造一个亲自然且娱乐性高的游乐环境。

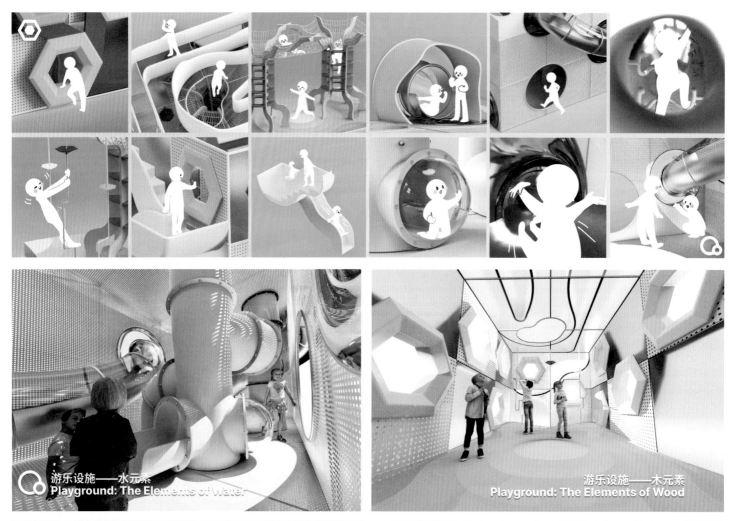

游乐设施——水元素
Playground: The Elements of Water

游乐设施——木元素
Playground: The Elements of Wood

游乐设施——木元素
Playground: The Elements of Wood

游乐设施——水元素
Playground: The Elements of Water

项目主题为高端定制化内饰设计，每一位用户通过选择自己喜爱
的不同内饰配件，组成从功能到造型最独一无二的内饰空间。
"NEBULA"英文意思为"星云"，意指用户乘坐该产品时，
仿佛置身于宇宙星空之中。

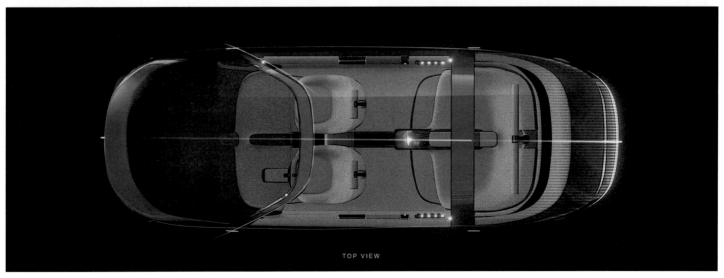

TOP VIEW

工业
设计系
DEPARTMENT OF
INDUSTRIAL DESIGN

王禹洲   近未来奔驰豪华轿车

指导教师 – 刘志国

124

该设计实践课题源于梅赛德斯－奔驰上海前瞻设计中心的校企合作课题"2040 Iconic Luxury Sedan"。以奔驰品牌基因和设计理念为出发点设计一辆2040年奔驰品牌的豪华轿车，级别不限，对奔驰未来设计语言进行探索，打造出独特的品牌形象。

基于对未来猎装车用户群体和使用场景的研究，挖掘电动猎装车加入越野功能后可能给用户带来的新体验，探索鲜明且识别度高的电动车设计语言，为未来的电动汽车造型设计找到更多可能性。

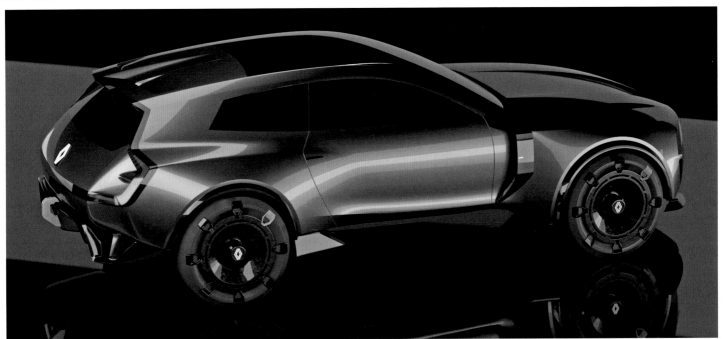

该作品基于对探月工程的历史、现状和未来发展深入研究，结合创新技术与设计理念，对加压式载人月球车的外观及内饰驾驶区域展开设计。月球车采用模块化、轻量化的设计理念，具备高效能源利用、人机工程学、安全性等特点，不仅可在极端温差和强辐射环境下长期运行，还能提供舒适的加压环境，支持宇航员进行长期任务。

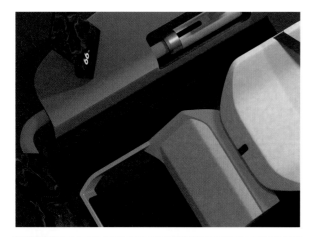

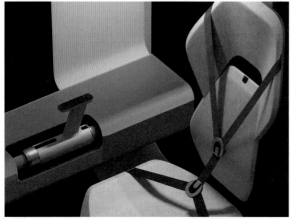

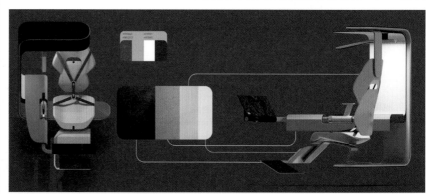

四旋翼飞行器轻量化的造型设计使其具有灵活性高、使用成本低以及速度快的优点。该飞行器旨在帮助滑雪爱好者们安全快速地到达目标山顶，不再受缆车、压雪车以及直升机的限制，还考虑了其配套功能，如携带滑雪装备，照片、视频拍摄，保暖，紧急救援等功能。

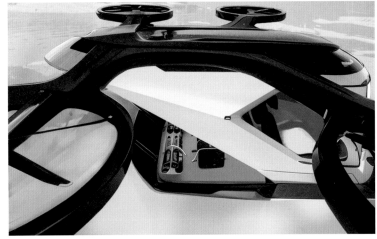

工业
设计系

DEPARTMENT OF
INDUSTRIAL DESIGN

邱瑞翔　未来水陆两栖车设计
Amphibio X

指导教师 – 张雷

128

设计主题融合游艇和汽车的元素，呈现出优雅的线条。通过深入分析用户需求，探索新材料与智能技术的应用。外饰设计探索了未来可变的外观结构，内饰设计注重舒适性和豪华感。为未来交通提供可行性及前瞻性的方案。

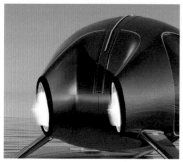

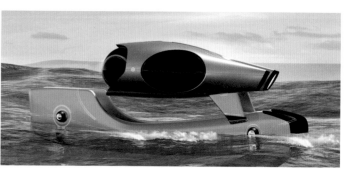

工业
设计系

DEPARTMENT OF
INDUSTRIAL DESIGN

唐嘉祎　　AMBULANCE 高速公路
　　　　　急救无人飞行器

指导教师 – 刘志国

129

设计产品在高速公路交通事故发生后，能以极短的时间到达事故现场，并将伤员紧急运输到救治地点，从而达到提升救治率、减少伤亡和财产损失的目的。该设计旨在打破传统救护形势，基于高速公路路障少，一旦发生事故更容易造成交通堵塞的特殊性，空中飞行更不易受到传统路面运输中各种突发情况的干扰，且现有无人机技术同云数据库的结合能极大提高救援效率。

刘佳音

窦骏飞

黄佳雯

周子涵

王儒妍

李晓月

周鹤扬

孙源源

陈寅东

韩雨杉

程兰茜

单子芬

DEPARTMENT OF
ART AND CRAFTS

工艺
美术系

主任寄语

这里呈现的是工艺美术系 12 位本科生的毕业设计作品。毕业作品是同学们四年来学习成果的综合汇报，也是对工艺美术系教学工作的一次全面检验。与往年相比，今年的毕业作品呈现方式更加多元，既有源于传统手工艺的创造演化，也有当代性、实验性的观念探索，更有基于个人生活体验的研究展现，通过不同的材质选择，诠释出对当代工艺美术的理解和感悟。可以说每件作品都承载着同学们的理想和希望，每件作品的背后都凝聚着工艺美术系的老师和同学们辛勤耕耘的汗水、不懈的努力与执着的追求。

"毕业"是你们艺术生命的一个崭新的起点，你们即将走入社会，那将是一个更广阔的舞台，希望所有的同学能在新的舞台上展示自己的才华，谱写人生新章。相信在不久的将来，学院将为你们的才华和你们在社会上所取得的成就而骄傲、自豪！

"灵"意味灵动、生机、智慧和神秘之意，它不仅代表了动物们
与生俱来的生命力，更象征着它们作为天地间灵韵的存在。采用
珐琅和回收塑料的制作材料，希望通过佩戴这些戒指，与自然中
生灵万物共同呼吸。

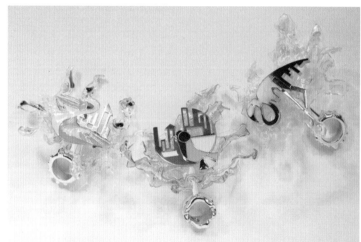

"有时候我会觉得家庭创伤给我的性格带来的痕迹和污渍更像一种隐私的，难以启齿的事件。此时的我已经足够勇敢到表现它们，直视它们，让它们重见天日，虽然也会给我带来些许的刺痛，就像揭开一道陈旧的伤疤，但这样的感觉胜过回避和消耗自己。"

"血缘关系带来的爱是真实存在的，痛苦也是切肤之痛，我要告诉自己不要因此纠结……总的来说，这对于我来说是一种告慰和和解。"

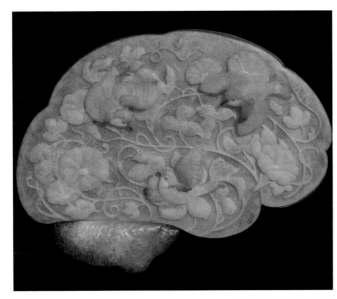

《候鸟》：此作为四件一套的首饰盒，主要采用粉烧玻璃的工艺制作，图案设计参考了传统纸鸢和花鸟画，表现了四季流转、时光飞逝的哲理。

《共鸣》：此作为三件一套的收纳盒，采用粉烧玻璃的工艺制作，图案设计参考了花鸟画，灵感来源于对人与自然关系的思考。以人的眼睛、大脑、心脏三个器官为载体，表现出人看到的世界、想到的世界和感受到的世界，以达成人与自然的共鸣。

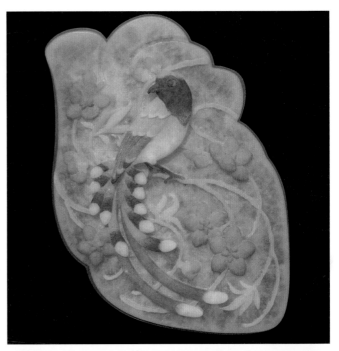

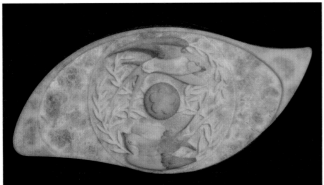

工艺
美术系

DEPARTMENT OF
ART AND CRAFTS

周子涵　分解呼吸
快餐时代

指导教师 – 李静

135

《分解呼吸》：作品设计灵感来源于作者肺炎就医期间拍摄 X 光片的经历。作者震惊于自己体内所发生的变化是这样地直截了当又虚无缥缈；它这样真实地发生着，却又碰触不得；那种最原始的生存本能让作者产生了对病情的焦虑。作者希望将病理变化表现为可视化的动态过程，在透明玻璃制作的出现病变的肺被化学仪器分解的过程中，或将启发观者对生命健康的新理解。

《快餐时代》：作品汲取了快餐文化作为灵感来源。这件作品由三件玻璃雕塑组成，分别展示了汉堡包、薯条和可乐。青铜外包装如同外壳，暗示着快餐文化带来的腐朽和病态，象征着背后隐藏的虚假和商业化。而透明玻璃质感的食品部分，则代表了快餐文化的空洞和廉价，完全缺乏营养和真正的品味。

在仰视城市的同时，人也置身于城市之中。希望《蓝天窗》作品
可以构筑出作者眼中城市建筑的一隅，唤起千千万万人心中对城
市的印象与回忆。

传统建筑中的花窗，具有装饰之美。将花窗通过玻璃进行模仿的
一种全新的艺术表达。

以玻璃材料来模仿切片蛋糕的主要结构特征，多个切片的组合带
给人们"蛋糕"的观赏性。

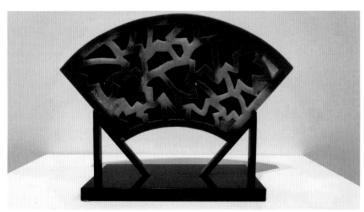

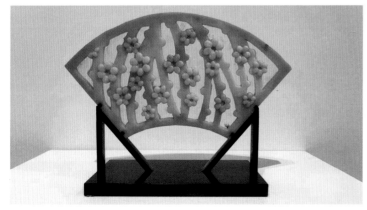

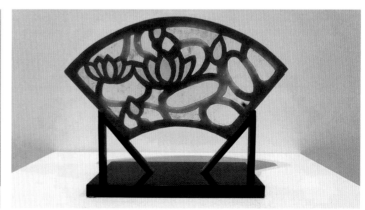

首饰镶嵌工艺是将物品固定在适型框架当中，而这种适型是通过定点测量数值化后达成的结果。 那么这种测量本身是否就是一种框架、一种格物的方式？

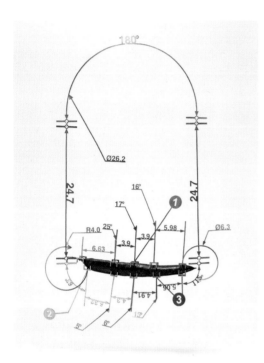

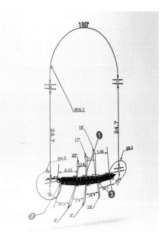

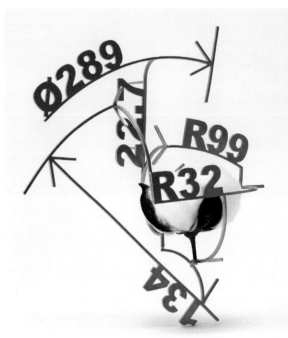

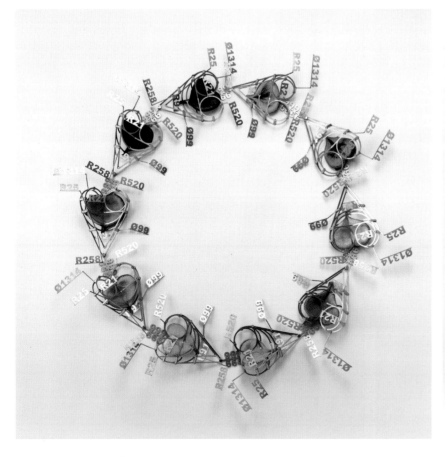

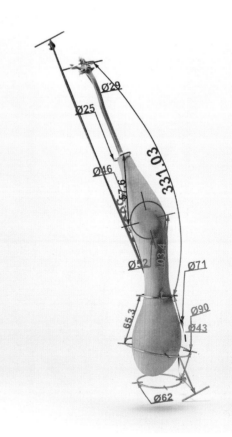

当从小生活的地方，变得陌生疏离，这段回忆只存在于一种"模糊的通感"，这感觉清晰又模糊，熟悉又陌生，但它使我感到一种"温良"，心中仍有对家执着的思念和渴望。

孙源源　　时间的散文诗　　　　指导教师－岳嵩

时间带动着齿轮缓缓轮转，化转环属，各有形势，随着视角的细微改变也会发现不同的世界。上千根钉子和上千米丝线组成了完整的作品。

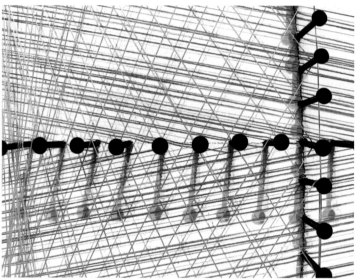

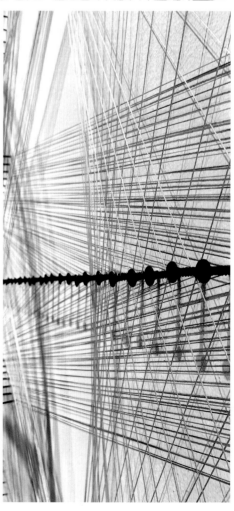

作品灵感来源于作者的奶奶，她是一位 90 岁的文盲女性。作品采用刺绣与水溶衬结合的工艺，呈现出奶奶第一次执笔写下的文字。奶奶用朴实的语言，讲述她的经历与人生，故事中饱含岁月沧桑和她对生活的热爱。通过本作品，希望能够引起更多人对"文盲女性"群体的关注和理解，并通过本作品传递她们的声音和故事。

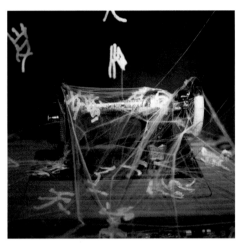

该设计以针织工艺为主结合综合材料，制作一系列表现个人日常失眠时所思所想的手提箱包。通过色彩和材质的对比，呈现较强的视觉冲击，表现失眠时内心冲突和矛盾感。

"氤氲"可指阴阳二气交汇和合，生命的生发处于一种混沌弥漫的状态。作品运用拼布工艺和乱针刺绣表现柔和的抽象图示，意在通过特殊的材料和工艺手法表现朦胧、混沌的双生子之间的情感氛围。

祁逸菲　　　　　秦雨欧　　　　　胡晶晶　　　　　杜茜玉

唐苑容　　　　　栗溦　　　　　　姚瑶

姜玥瑶　　　　　彭昊鹏　　　　　李英楠　　　　　朱宇欣

张皓岚　　　　　姜心怡　　　　　米泽京华

刘畅　　　　　　李馨雨　　　　　郜珂　　　　　　谢陈西

牛峥　　　　　　陈晓珑　　　　　钟雅竹

尹琳　　　　　　杨彦之　　　　　宁骏达　　　　　陈英华

石丁尹　　　　　陈思雨　　　　　谢嘉怡

席雯雯　　　　　聂晓晴　　　　　陈雨辰　　　　　李奕博

DEPARTMENT OF
INFORMATION ART & DESIGN

信息艺术
设计系

主任寄语

王之纲

信息艺术设计系同学们的毕业设计作品展现出良好的交叉学科素养。他们从不同视角切入社会现实，通过对"信息"的多元化编码与解码，展现出对未来愿景的塑造和人文思辨的表达，体现出对社会与国家应有的责任与担当。

人生的下一个阶段永远充满了未知和挑战，希望你们带上在这里的学术积累和持续创新的热情，踏上你们创造未来的征途。

葛鹏巍

赵禹衡

江沣原

杨睿

作品为一款基于军事博物馆兵器展厅的混合现实沉浸式体验游戏设计，以青少年为主要人群，以生动和有吸引力的方式，引导青少年在展厅中的观展行为，激发他们的观展意愿，注重发掘和强调兵器历史中"人"的存在。

作品题材来源于中国傩文化历史极为悠久的江西南丰县。民间俗话说："一面鼓，一面锣，爆竹一响就跳傩。"这承载着人们对于新年的美好期待和祝福。傩面以"千傩千面"著称，本作品选取最具特色的 12 张面。通过结合新媒体技术进行艺术表达，研究的核心在于总结和分析南丰傩戏的艺术特征及相关傩文化，通过数字化技术和体验设计，探索传统文化在现代社会中的表现形式。

可穿戴智能手环"芸芸众声"为一款针对听障人群设计的作品。
手环将日常生活中的警示音如汽车鸣笛、犬吠、水流声等转换成
不同设计的振动触觉，辅以视觉图形的提示，通过感官代偿的方
式让听障人群感受有声的世界。

作品提出了太空舞蹈的概念，以智能可穿戴设备为核心，设计出视觉和功能结合的互动原型，集成了太空舞蹈辅助和舞蹈响应两大功能。舞蹈辅助功能利用可穿戴软体机器人设备和智能传感器系统，通过对腿部的动作提示来引导运动，帮助宇航员在失重环境中完成复杂的舞蹈动作；舞蹈响应功能则通过灯光和震动反馈，增强动作的视觉效果和互动性。

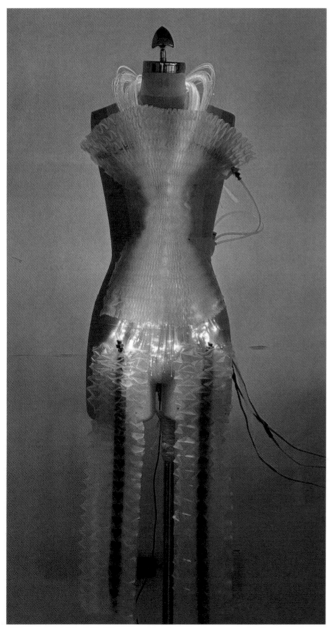

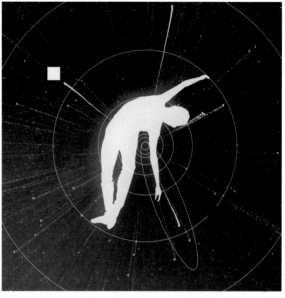

SPACE
DANCE
未来
太空舞蹈

未来概念展示

@FUTURE CONCEPT

太空服装设计
虚拟效果

"价值竞拍"是基于多智能体协作的游戏化团体心理辅导设计，将大语言模型智能体引入"价值观拍卖"辅导活动。通过数字化和游戏化的方式，智能体主持游戏并扮演虚拟参与者，引导用户通过角色扮演和交互探索，逐步挖掘自身价值体系，实现更好的自我定位。

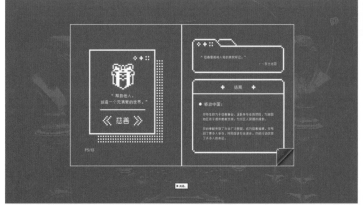

价值竞拍

I AM WHAT I AM　　　?

"价值拍卖"是基于多智能体协作的游戏化团体心理辅导设计，将大语言模型智能体引入"价值观拍卖"辅导活动。通过数字化和游戏化的方式，智能体主持游戏并扮演虚拟参与者，引导用户通过角色扮演和交互探索，逐步挖掘自身价值体系，实现更好的自我定位。

拍卖规则

在这个特别的拍卖会上，我们将拍卖人生中最宝贵的价值观。今天的拍品包括自由、金钱、长寿、慈善等十三种人生价值。

您将使用"人生币"进行竞拍。
请记住，"人生币"代表着您人生中宝贵的时间。您愿意为每个价值观投入多少时间，完全取决于您自己。

今日拍品

《自由》

《金钱》

《创业》

《长寿》

《慈善》

《智慧》

《爱情》

《颜值》

《港湾》

《领袖》

《冒险》

《社牛》

作品是一款 2D 推理解谜拼图游戏，玩家需要通过"拼接"线索寻找毛腿渔鸮的踪迹。在本作中玩家将扮演一名去俄罗斯滨海边疆地区考察的生物学家，他来到边陲小镇阿祖格，寻找并保护毛腿渔鸮这种独特且迷人的物种。与此同时玩家需要通过调查整理线索，了解当地自然、人文环境，了解当地人与自然的共生与冲突的历程。

作品以"地下探索"为主题，为 9~13 岁的青少年构建真实情境
下的游戏化学习体验。整体以深入地层深度为探索主线，根据地
层深度划分不同探索阶段和主题。

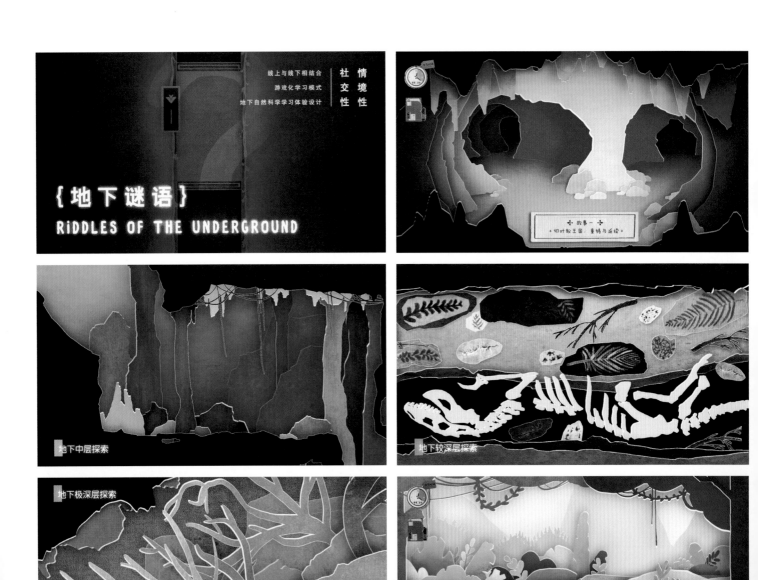

万古磐石、古树青苔，中国人好古，这是一种独特的审美意趣。
但尚古不是简单对过去的怀念，更不是复古，而是品味对象蕴含
的古意。厚重的过去与现在重叠交织，短暂的瞬间、俗世欲望也
变得渺小。在古意中，超越时间。而当机器人作为机械实现永
生时，似乎也已经超越时间。在漫长的生命与工作中，时间的意
义是什么呢？它是不是也在等待什么？

作品从探究纸张作为交互材料的可能性出发，通过媒介研究和仿生原则的探索，进行了一系列的基于交叉学科视角的材料实验和交互装置艺术设计。

信息艺术
设计系
DEPARTMENT OF
INFORMATION ART & DESIGN
李英楠　方寸私享
指导教师 – 付志勇
155

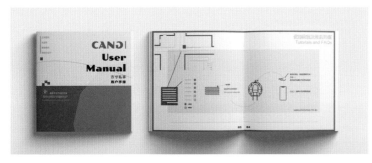

使用者可以通过装置在公共空间内营造私密空间。此外，模块化的拼接也可以促进空间内的信息交流，希望构建健康良好的空间利用氛围。

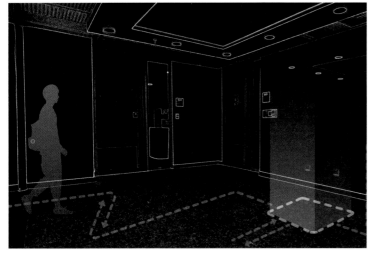

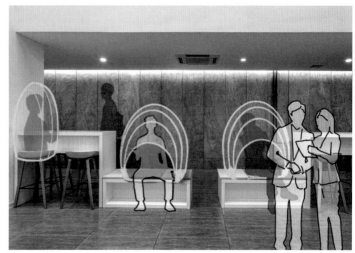

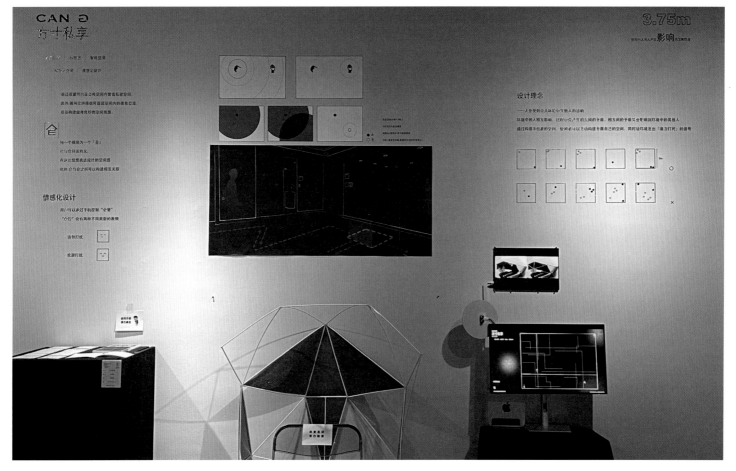

该作品以万花筒镜面包裹下的屏幕为载体，通过结合脑电检测设备和人工智能图像生成技术，探索在注意力水平和图像特征信息留存程度之间建立一种视觉对应关系。生成的图像在异形镜面的反射和折射中形成光影交错的虚实空间，表现信息数量高度爆发的背景下我们和关注点日渐模糊的距离。

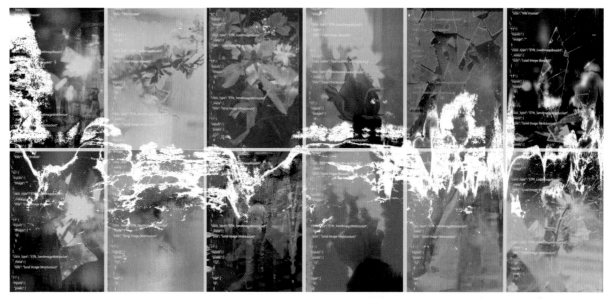

该装置以"双重分离"为灵感，探讨了审美与注意之间的关系。
通过摄像头互动设计和 Touchdesigner 视觉表现，观众可以体
验到当审美与注意被分离时的不同视角。人们通常只对注意到的
事物进行审美加工，因此习惯将两者视为一体，而实际上它们是
相互独立的。

信息艺术
设计系　DEPARTMENT OF
INFORMATION ART & DESIGN

姜心怡　FUSION COLLEGE
——AI 驱动的游戏化跨
学科学习体验设计　指导教师 – 师丹青　158

该项目创立了基于"Fusion College"的世界观，设计动态组
合的虚拟空间代表各个学科，试图让用户利用 AI Agent 角色来
与观众进行学科交流，再利用 AI 技术生成学科交叉的视觉成果，
让用户能够体会到学科交叉碰撞带来的天马行空的想象力与技术
火花的魅力，也体会到 AI Agent 带来的新的可能性。

作品以交互装置的形式向观众呈现宋代折枝花卉和团扇中体现的格物致知哲学思想。观众通过扇动扇子触发交互后即可体会宋代画家在绘制团扇时所见的自然景物。

"启程于夜晚，陨落于黎明。"开头与结尾已经既定的伊卡洛斯
的故事，结合个人心境变化与想要传递的情感，呈现一个不一样
的旅途。

动画作品以黑白刮画为材料，模仿了黑白木刻版画的风格。讲述
了一个少年被一株蒲公英吸引，经过了各种奇异场景的故事。

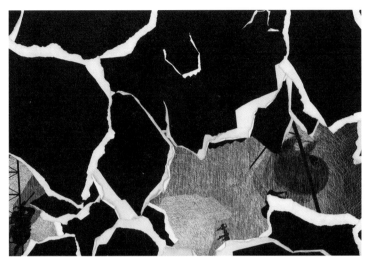

我们每天都各自走在不同但又相似的森林中，不知四面八方的黑暗中是什么，我们每天努力解决着各自生活中的小问题，似乎看起来越来越孤独，但在那些生活中偶然而又每天都相交的存在却在说：事实上，我们不分彼此。

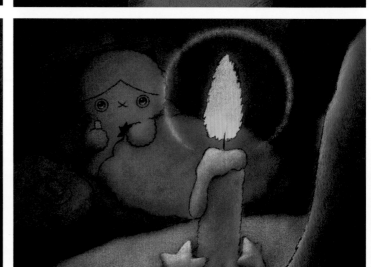

在往返相同航线上工作的女生厌倦了忙碌琐碎的生活，对途经的山村心生向往。恍惚中，她似乎已经辞去了工作到达了心中的"桃源"。在一场空难后，女主到达了"桃源"，而这起空难让现实与桃源的边界陷入混沌。她是否抵达，成为了未知……

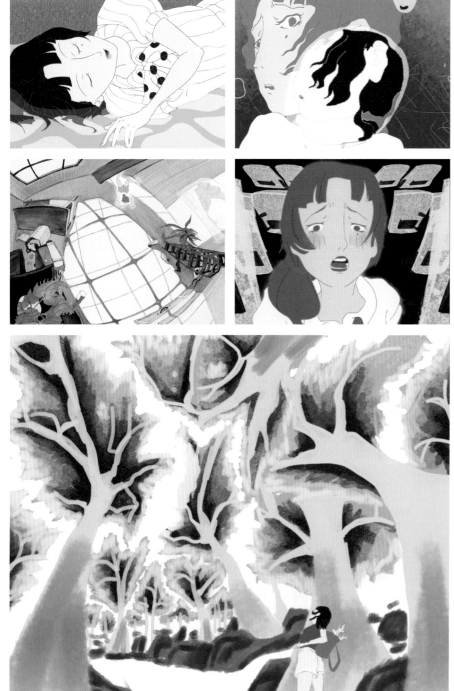

谢陈西 作品

指导老师：雷磊

一个恐惧展品的小孩在博物馆的经历。

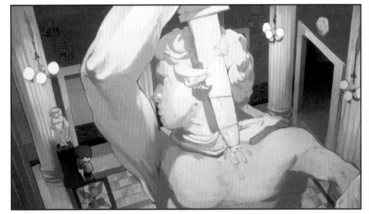

信息艺术
设计系
DEPARTMENT OF
INFORMATION ART & DESIGN
陈晓珑　洛阳三日无事　指导教师 - 陈雷
165

上元期间，金吾卫翟绍被陷害杀人，于是他一边藏匿，一边追查真正的凶手。这是一场人性的考验，一场与命运的较量，一场跨越历史洪流的审判和救赎。

皮影动画作品。

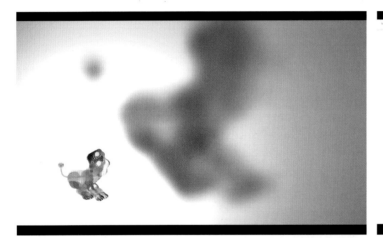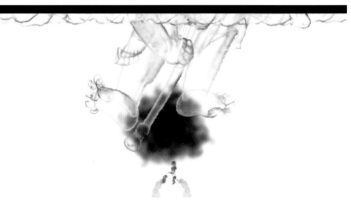

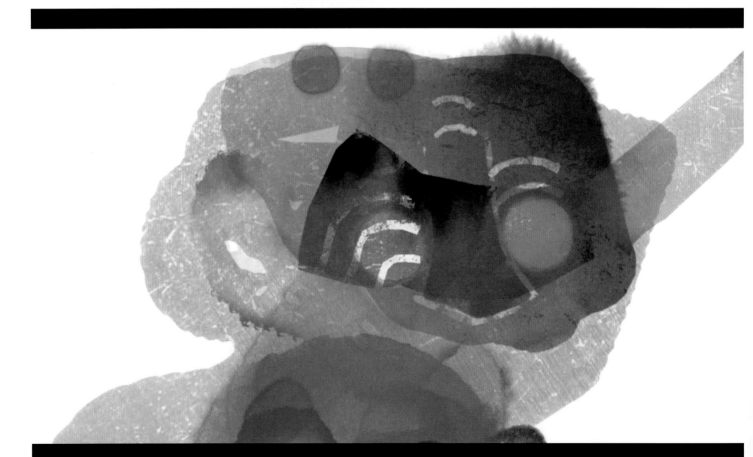

作品是一部探讨女性自我规训现象的动画短片。 讲述草莓园里小草莓们努力变美的日常，以及其悲剧的结局。但愿你我都不是草莓。

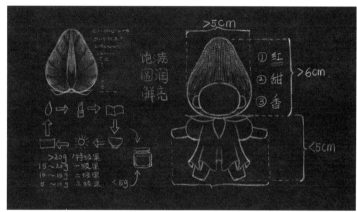

该短片以情绪与运动为线索，杂糅了鲁迅先生的生平经历与文学
作品。利用非线性叙事，打破了时间和空间的限制。这种创新的
视觉表达不仅是对鲁迅文学遗产的现代性演绎，也为观众提供了
全新的理解和体验鲁迅作品的视角。

作品是一个以祭祀为主题的幽默讽刺故事。一个文明遭遇干旱，
大祭司苦苦祈雨而不得，在多次尝试而失败后，事情似乎迎来了
转机？

信息艺术
设计系
DEPARTMENT OF
INFORMATION ART & DESIGN
陈英华　　鲜花工厂　　　　　　　　　　　指导教师 - 王之纲
170

作品采用了卡通美术风格呈现一个有关"工业革命"的故事。在影片中，通过隐喻性的设计表达村民们从传统农业生产转化到工业生产后，生产关系、自然环境、意识形态的逐步改变，讽刺资本的逐利性与异化性。

一个轻松活泼的短片，讲述了主角在一场聊天中走神和大脑宕机的故事。

一个困在泡泡里的听不见声音的女孩，进入了一个手语世界，在
这里她经历了春、夏、秋、冬的场景变化，情绪也随着四季变化着，
她在里面一个人进行着手语的表达，最后找到了同伴。

作品英文名为 SAWIT，是马来语中油棕的意思。以作者祖父已
决定变卖的油棕园地为故事背景，本作品希望能以作者父辈简朴
快乐的童年让观众在马来西亚华人身份认同课题上得到释怀，同
时宣传马来西亚多元种族的地域文化。

作品使用亚克力作为材料，将不同滤镜修饰后的肖像打印在亚克力板上再叠加在一起，旨在网络社交平台上用户们修图的抽象过程具象化，探索真实图像与虚拟造像的边界。

万相之下

随着数字摄影技术和社交媒体的迅速发展，美颜照片已成为网络社交平台上的一种普遍现象。从早期的修图软件到如今智能手机自带的美颜滤镜，美颜照片经历了从简单修饰到过度加工的过程。在网络社交平台中，美颜照片不仅影响了用户之间的互动，还对个人的审美观、自尊心和现实社交产生了深远影响。作品使用亚克力作为材料，将网络社交平台用户修图的抽象过程具象化，探索真实图像与虚拟造像的边界。

生命渺小，但意义永存。宝相花是人们在精神世界中构造出来的想象性图形，其中灌输着创造者的精神诉求和审美情趣，传递着对生命的尊重和生死的洞察。《永生》这组照片套用宝相花的符号语言，将衰败枯萎的落叶作为素材，对其形态进行重构，予以永生般的美好意象，表现出对自然循环和生命连续的思考。

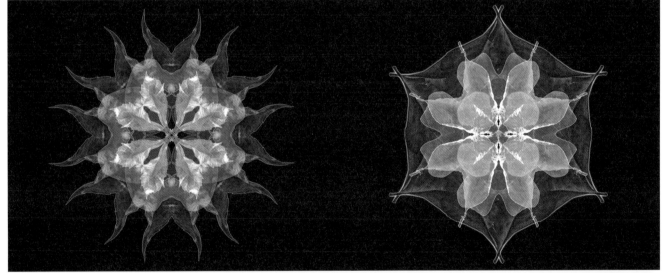

该系列中作者将自己扮演成来自 20 世纪 40 年代美国大众传媒
中不同形象的女性。每一款造型细节、服化道均来自真实的历史
照片和古董真品、时代设计。旧好莱坞电影和时尚史是这些形象
的线索，邀请观者细品女性符号如何跨时代地发挥它的作用。

作者通过对虚幻与现实的讨论，以短片中具体的人和物，展现出对现实的思考。主人公通过一场梦境，以自己日复一日的生活为基点，渴望通过某件事情打破僵局，实现自己的救赎，但最终只是无尽的幻想。如果不付诸行动，贫瘠的土壤上终究无法开出花，虚幻的彼岸也永远无法到达。通过设置屏幕和现场沉浸式的布景，作者创造了一个需要观众同时关注的环境。 作者的现场布置与作品，目的都在于让观众进一步对现实与虚幻进行思考，他认为，大部分人每天都在无意识地重复，时常抱怨，却又不愿做出改变，只能选择另外的方式，让这种美好的幻想不断重复。所以土壤有气息，花却无法开放。

历史文化遗迹是连接过去、现在与未来的纽带，作者希望通过拍摄历史文化遗迹并结合古代相关作品，找到一种呈现方式在一定程度上具象化这条"纽带"。

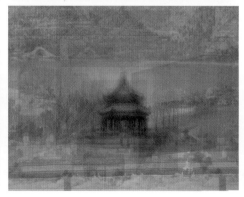

葛鹏巍

春天万物复苏,生机盎然,每一个生命都在尽情地展现自己的活力。在作品中,作者通过镜头捕捉那些自然舞者在春日阳光下的轻盈身姿,它们或翩翩起舞,或轻盈跳跃,仿佛在诉说着属于春天的故事。在作品色彩上,作者运用了淡雅而柔和的色调,以突出自然环境的清新与纯净,同时营造出一种静谧而深邃的氛围。

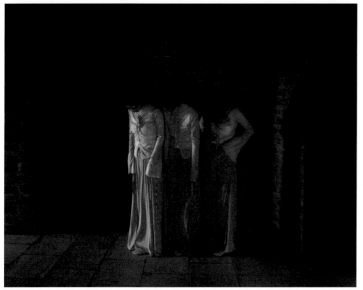

女儿透过电视注视着独处时的母亲，并对母亲的行为做出反应。
作者认为母女关系可以被理解为一种互不告知的注视关系，母亲
在注视着女儿成长的同时，女儿也通过注视母亲更早地了解到当
下女性的生存方式和社会规则。

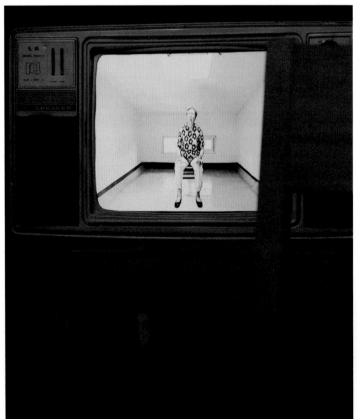

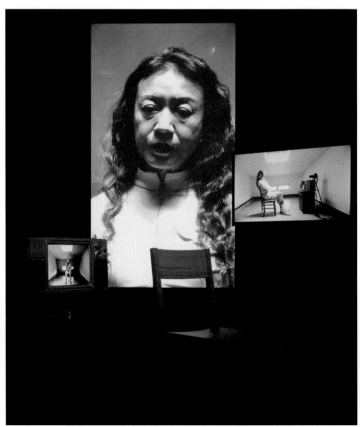

信息艺术
设计系

DEPARTMENT OF
INFORMATION ART & DESIGN

杨睿　　**群猫乱舞**

指导教师－邓岩

181

空间并非填充物体的容器，而是人类意识的居所。作品基于 3D
Scanner App 等软件进行跨媒介应用实践，通过扫描作者所在
的真实环境，生成出一个以真实环境为原型的数字三维虚拟空间，
在此空间中完成影像的创作，并表现出"家""猫""我"的内
在联系。

林嘉华　　丁嘉欣　　梁明达　　魏传烁

李俭　　郭真茹　　杨柳依

董亦菲　　郭芳君　　谭想　　杨朝越

王书昊　　何嘉泓　　·裴可欢

梁沛柔　　潘思颖　　程宇杰　　褚楚

袁泉　　肖晶　　董润世

王阁　　张轼邦　　陈懿荣　　葛盛辉

杨之睿　　田思宇　　徐露

DEPARTMENT OF
PAINTING

绘画系

主任寄语

熬过了无数个不眠之夜，几经反复实践推敲，不断地打磨完善，种种的尝试所带来的无奈与惊喜仿佛还在昨日，转眼间就来到了毕业展这个重要的时间节点。同学们精心准备的艺术作品就要展陈于美术馆之中，呈现在大众面前。有太多的期待，期待着观者能在作品前驻足停留，产生共鸣；期待着作品能够打动观者，走进他们的内心深处，留下深深的印记。或许还有一丝的不安，自己的作品能被观者接受吗？会产生怎样的反响？一切都是未知的，这种不可名状的未知或许正是艺术的魅力所在。

关上一扇窗，开启一道门。同学们即将结束在清华园的学习时光，奔赴西东。轻轻地关上清华园这扇窗，让清华美院绘画系学习生活四载甚至更长时间的欢喜与惆怅、迷茫与自信，安静地留在记忆的深处，随时可以去回味。推开一道门，直面社会与人生，带着对艺术的执着与思考，开启一段更为漫长、丰富、精彩的艺术人生之路。

祝同学们在未来艺术人生道路上继续葆有对艺术的执着、质疑、探索的精神，通过不间断的艺术创作收获属于自己的艺术成果！

故君子尊德性而道问学，致广大而尽精微，极高明而道中庸。

与君共勉！

作品以拼贴、拓印等手法呈现"电子包浆"这一主题，图像故事
与材料在展示中被动地传播作者的意志，隐喻信息过载与视觉文
化在现代生活中的普遍性，探索在观者与创作者之间的交互。

这是三幅纸本写意花鸟画，沿袭徐渭大写意绘画技法，突显传统
笔墨魅力，通过墨色变化体会绘画中的阴阳，通过笔法变化表达
物像质感，传达出传统文人画审美意趣。

"从云南返回，在心中沉淀了一段时间之后，我把自然景象中翻腾汇聚的气势内化成细致且稳定的生命体验表达在画面中。在当下植根传统，通过画面表达自己的生命情感体验。"

作者选择了中国画特有的笔墨和颜料，以滑雪为主题，精心构思了一幅名为《冬日迹》的作品。在这幅作品中，聚焦在 3 位滑雪者的人物组合上，力求展现他们在冬日雪地上的生动姿态与情感。在创作过程中受荷兰艺术家蒙德里安的影响，参考了他的一些经典作品，尤其是他对色彩与几何形状的巧妙运用。尝试运用大色块拼接的方法，将人物身上的衣物、滑雪装备等装饰元素与背景色彩融为一体。通过丰富的色彩拼接和叠压，试图营造出一种独特的视觉冲击力。

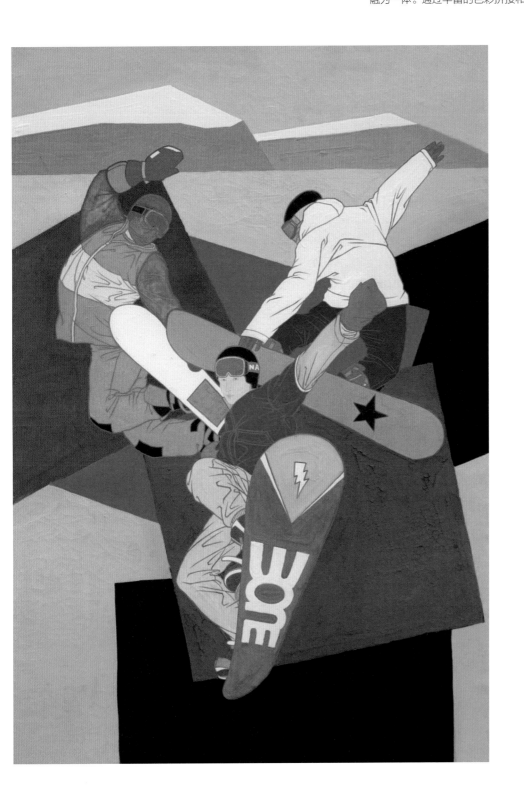

唐人杜子春曾两次因放浪形骸、纵马冶游而丧尽家产，在第三次时，幡然悔悟，资助穷苦，而得老者青眼，得以上华山炼丹。杜子春应诺前往华山庙宇，承诺经历幻境而不发出声音。在幻境之中，杜子春经历种种恐怖痛苦场景却神色不动；在最后一层幻境中，杜子春转世为女子，其夫因不满其不语而摔死其子，杜子春不觉惊叫出声，幻境遂破，老者炼丹失败，杜子春亦失去成仙的机会。

时人曰：吾子之心，喜怒哀惧恶欲，皆能忘也。所未臻者，爱而已。

该作品以作者的自画像为主体，结合一系列象征元素构建联想和含义。眼仁中的河流，意指由人眼出发看待世界的虚幻性与局限性，图像中的象征符号即是引导观者进行思考的引线。

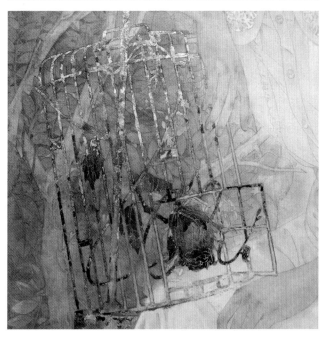

楝花飘砌。蔌蔌清香细。梅雨过，萍风起。情随湘水远，梦绕吴峰翠。琴书倦，鹧鸪唤起南窗睡。

密意无人寄。幽恨凭谁洗。修竹畔，疏帘里。歌余尘拂扇，舞罢风掀袂。人散后，一钩淡月天如水。

"桃花源"作为中华传统文化中的理想化符号之一，承载着古代文人对美好生活的想象，象征着远离尘嚣的宁静和对美好生活的向往，并作为中国画的题材被长期沿用。在《桃源·幽径》作品中，作者以"桃花源"为创作题材，将近年来对中国画的理论研究、实践创作与内心所感相结合，以展现自己心中理想的"桃花源"。在创作过程中，通过借鉴传统仙境山水、隐居山水图式，结合中西方空间研究的相关理论，将中国画的空间表现方式与多维空间中的矛盾营造相融合，以实现对中国画空间的重构，尝试创造出新的空间表现形式。

中国画的诗意与意象转换。

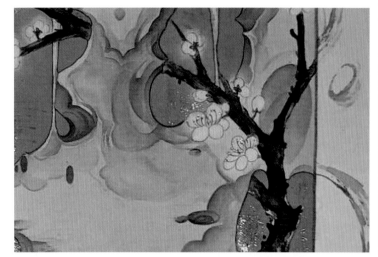

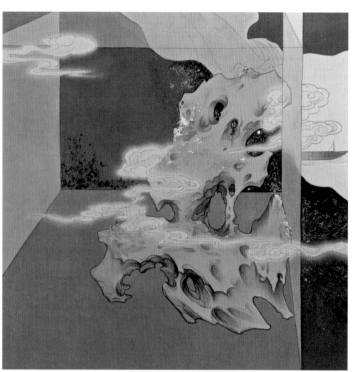

绘画创作应当真实反映画家的内心所想和情感所向，而并非刻意造作。《绕芳甸》这幅作品正是源于内心深处的创作冲动，那就将年轻美好的少女与素雅的花卉相融合，共同构筑一幅简洁而纯粹的工笔人物画。通过细腻流畅的线条勾勒女性形象，用色彩和层次的微妙变化营造画面空间感，传达一种温婉与柔美的情感。

出于对超现实主义绘画的喜爱和解读超现实主义绘画中隐喻的兴趣，每幅"荒诞"的画面都让作者沉迷其中，例如马格里特的雨伞、烟斗、苹果等元素。作为中国画专业的学生，作者在学习中国传统绘画的同时，经常运用超现实主义艺术的表达方式，荒诞的物体摆放以及夸张的表现手法是作者经常使用的绘画语言，因此，毕业创作延续了这种表达方式，在古画中重构超现实的世界。

作品以纸本水墨长卷的形式展现了一个魔幻的超现实世界，并通过特殊的装裱方法，让作品视觉呈现更加具有冲击力。

"破碎世界的游乐园里，你献上自己了嘛？"

如今城市中高楼林立，绿林正在不断地被侵占，废弃的建筑上爬
满了绿植，自然与人为形成了相互侵蚀而又共生的样貌。

作品运用当下时代流行色、多巴胺配色、消费色等明艳、跳脱的
色彩来表现，以一种强烈的视觉刺激方式来呈现人们当下的生活
现状，突出了在消费社会背景下人们被裹挟在消费主义中的无奈
与迷茫。

贝壳外部奇异的绿色圆形花纹、夸张的细长尖刺，以及藏匿于贝壳口部之下的人物头部、远离画面的不知身份的小人以及臃肿的双腿，螺与人的夸张和组合意图营造出矛盾的、不安的、怪诞的视觉感受。

关于梦、潜意识和情绪感知。

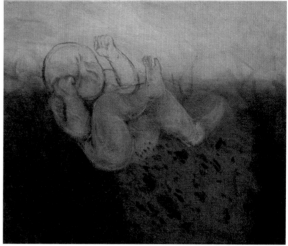

构建一幅被包裹的世界，谨此警示人们重视自己的情感需要。

作品名《虫我》，不只是"我"，也是"我们"，更偏向于表现个与群的关系。而这类关系中有许多矛盾紧张的环节，这些环节以"眼睛"作为连结，凝视画外。画面主体"飞蛾"具有多种喻义，正如飞蛾扑火可以解读为奋不顾身、亦可解读为盲目逐流，而伍尔夫的散文作品《飞蛾之死》也为它带来了勇敢抗争的文学意义，它布满花纹的翅膀也能使艺术家大做文章……飞蛾所带来的种种象征意味的解读使作品有更多开放的答案。

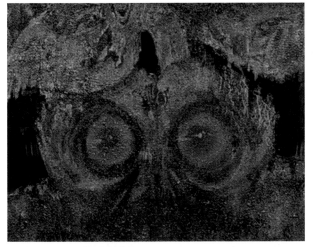

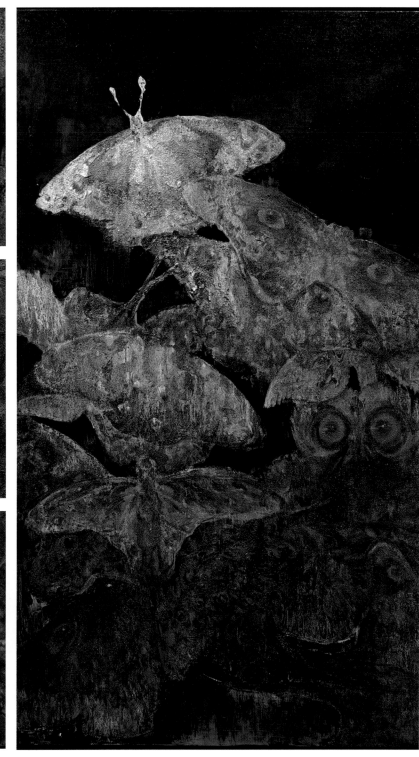

心灵的镜像，记忆的画卷，意在朦胧间定格那稍纵即逝的情感。

在画中可以寻觅自我的影子，于共鸣中触动心声。

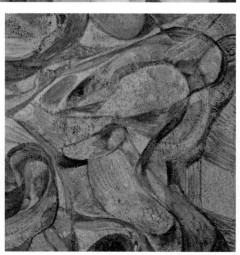

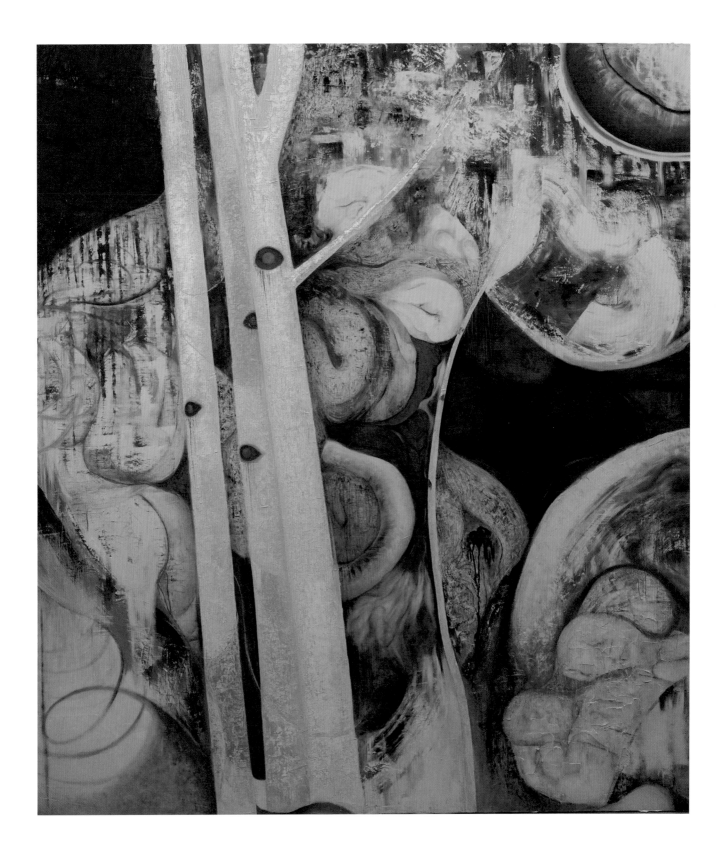

在加速社会中，人的欲望被各种管理的价值体系和消费主义对价值观念有所刺激，画面描绘由于欲望的膨胀使得人的内在产生扭曲和混乱，但区别于动物的理性、智慧与文明，使得我们能够去管理和控制我们的欲望，形成一种稳定状态。

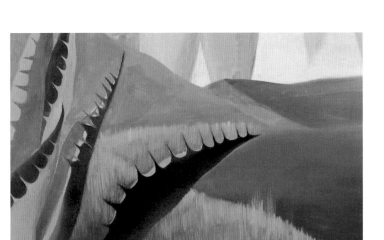

超现实主义绘画是作者在大学期间一直喜欢的一种绘画风格，故而毕业作品采用了超现实主义手法进行创作，创作灵感源自大自然里的飞禽，动物、植物与人物之间的关系，把日常所见、所闻、所思加以构建成设计者所希望的理想国。

自 2023 年作者开始实施图像档案的个人项目——《百姓设计手册》，搜集 1980~2010 年中国大陆、港澳台地区具有本土特色、时代性的图像，并试图将其编辑成册以及利用其中搜集而来的图像素材进行二次创作。

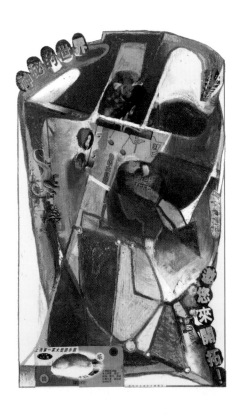

尺寸：125 厘米 ×222 厘米 / 29.7 厘米 ×42 厘米；材料：软胶 PVC / 网版。

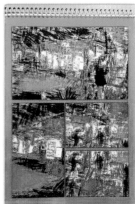

围绕作者所创造的 SNIT 符号与其衍生形象来展开，也是对大学四年以来自己的整个发展过程进行总结与梳理，最终以丝网版画作品、陶瓷作品与纸浆作品三种方式来呈现。

丝网版画作品主画面由五幅画并置构成，利用了版画所具有的复数性，其中三张为重复的一张，画面中的 SNIT 符号形象也是在不断重复，通过改变叠加颜色、花纹，来形成每只都不一样的效果但外形是重复的。

陶瓷作品一共 212 只 SNIT 小怪兽和每只配套的身份证卡片。

纸浆作品则是把大学期间自己不满意或者没印好的作品废纸，打碎成浆，捏了一只大的 SNIT 形象纸雕塑。

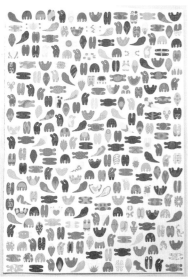

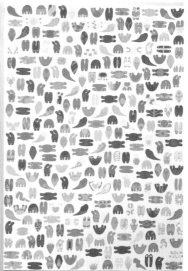

以家乡广西武鸣的"龙母"传说作为创作的主题，用铜版形式将龙母的故事表现出来，并以折页手工书的方式呈现。探讨了铜版和手工书媒介在创作中的情感表达和民俗传说对民族与个人的积极影响。

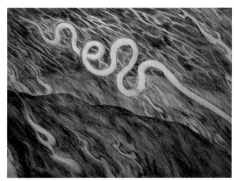

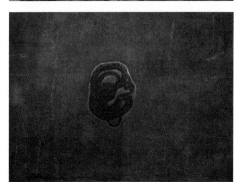

人对自己现存形态的边界感实在太强了，将这种边界消解，与故事融合在一起，或是与自然融合在一起，是作者希望做到的事情。当形象的产生不再需要遵循既定的规则，或许能够为观者展现更加多元的生命形态。

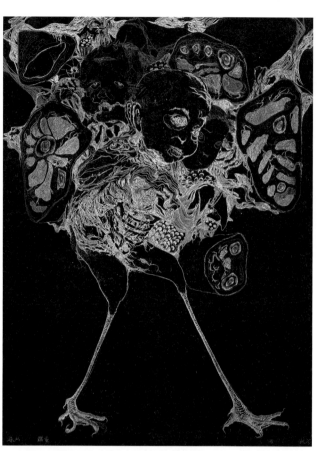

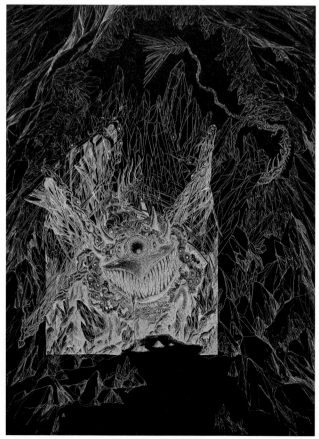

出生在中国并成长于城市的 Z 世代在童年阶段度过了传统娱乐与网络娱乐并存的过渡期，伴随着网络快速发展的同时传统娱乐也逐渐消亡，城市化的发展导致大量的同辈人拥有相似的成长路径。《重建城堡》与《记忆碎片化》是我对个人过往经历的追思，也是一代人的集体记忆。

门琬凝

高梓桐

张倍凡

曲安琦

周曦晗

张泽政

张丹妮

唐靖

闫宏颖

吴俊杰

邓杰文

孙嘉佑

陶思维

李润治

DEPARTMENT OF
SCULPTURE

雕塑系

主任寄语

雕塑，作为艺术中的"重工业"，是饱含着智慧与汗水，满载着观念和能量的艺术形式。它不仅能观、能触，更能让我们沉浸于它的场域中，用所有的感官去体验。雕塑系 2024 届本科毕业生们正是用这样的艺术语言，向我们述说成长的快乐和烦恼，展现他们对未来的理想和期望。让我们一同走进他们的艺术世界，去感受他们的才情，见证他们的努力，在他们艺术道路的起点上送出最真挚的祝福！

人们对于自我的满足与情感的需求之间的矛盾愈演愈烈，作品通过对人物形体以及空间的夸张处理，表现人类本身存在的不确定性与情感中彼此的关系问题，寻找其中的稳定与平衡。

"我曾在夜里做过一场荒诞的梦，那时我坐在摩天轮上。天上星河炸成无数花火，下面弱水三千，人潮起伏波涛汹涌。一切怪异的人事物都在沉默中变成液态流向视野最远方的旋转木马。我奋力挣扎想要抓住木马上坐着的那个看不清面孔的人的手，我想要撕心裂肺地哭喊却发不出声音，在沉默中被一切流逝的事物越拖越远。"

"最终一切未曾说出口的誓约、怒骂、娇嗔都随着时间永远留在了温暖潮湿的梦里，直到上面逐渐爬满葱郁的苔藓。我被困在里面，再也出不来。"

清明安乐，以正示人。作品选用民俗老物件、古建筑构件等材料用数百枚铜钉直接构合而成，还原秦琼、尉迟恭二位门神浑厚古朴的形象，意表门神恢宏正气，守护家庭一方。

在古老的民居建筑上，常常能发现一些令人惊奇的装饰元素。而其中的鳌鱼，不仅是一种建筑艺术，更是蕴含了丰富的文化寓意。传说中"鳌鱼"形似龙，好吞火，好风雨，背负蓬莱之山于海中。由此萌生了作者的创作想法，以传统鳌鱼的形象为底，进行当代雕塑的材料转化。

将穿着成人衣服坏笑的小孩放大至足以俯视成人的大小，产生二者身份调换的错觉，传递记忆和情感的共鸣，思考成人与孩子的关系。

描述生灵经历山火时极力挣扎的景象，借悲怆的外壳表达出人类视角对环境问题的深刻思考，以及生命的灵魂不灭与生态系统的循环往复。

采用羊毛毡材料制作人体骨骼，并通过仿金属质感的裂痕来塑造矛盾与冲突。意图表现当今科技发展洪流之中人类自身的异化，以及人类与人工智能之间的纠葛，引发观者对于人类最终将会去往何处的思考。

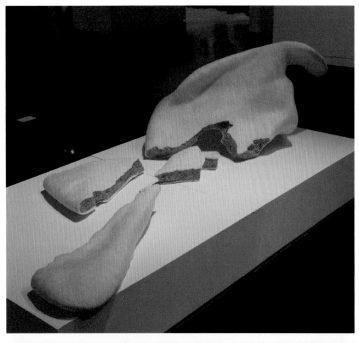
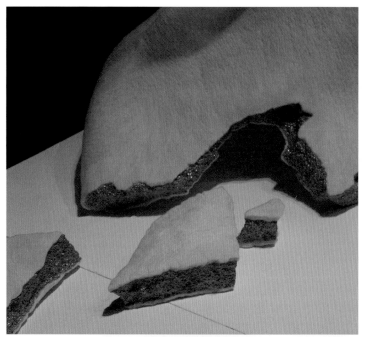
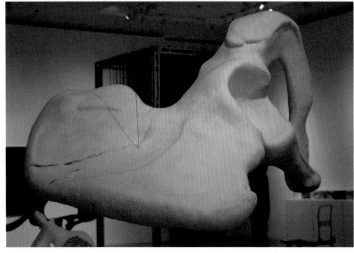
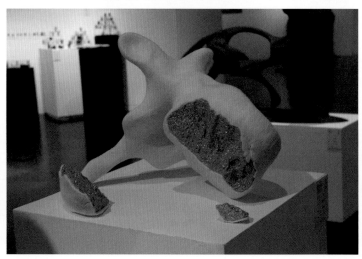

作品意在追求表现沉着的力气与凝固的时刹，而烜是形容火焰升腾旺盛的意思，用火焰的意向来比拟生命之间的纠缠与互动，强调情感的壮烈与永恒。作品中方体的形式感、纪念碑柱式的风格选择、偏向传统的塑造手法则意在呼应物种间相互纠缠的状态将永恒存在的规律。通过找寻动物缠斗中那些超越时间的动态与美感，赞美一切生命的壮烈。

犬如同一道道不灭的影，拥有千姿百态的风采。虽不张扬，却如
身侧薄影，令人安然于其坚定的存在。

当我们面对世界的复杂性和难以辨识的混沌时，我们往往被已有的观念所束缚，无法看清它。然而当我们用全新的视角去看待这个世界，就会发现这个世界是多元化的，每个人都是独特的，都有自己的价值和存在的意义。正如走出这个雕塑，属于你的今天才能进入视野。

作品悬挂着 196 个老式听筒，每个听筒里有着各自不同的声音，声音的采样选取了人类交流、自然环境、社会反响等题材，旨在反映人们在当今时代中的情感认同。声音是作品的灵魂，而老式听筒却代表着时代发展的迅速，时代的更迭注定会淘汰一些曾经辉煌的产物。

孙嘉佑　销铄 · 山灵
　　　　销铄 · 海魄
　　　　销铄 · 盏万眸

指导教师 - 冯崇利

物无常形，金铄成川。临寒之刻，凝金如凌。是为销铄之内涵。
成山之灵，塑海之魄，流转星河映照万眸。

作品希望通过纤维材料和高饱和度色彩安抚作者个人情绪。用轻松诙谐的造型语言，通过漫长的制作过程，将情绪转移到作品中去，从而达到自我和解。